해체주의와 건축이론

글 임기택

필자가 대학에 입학하던 시기는 한창 해체주의 건축이 위세를 떨치던 때였다. 후기구조주의니 차연이니 하는 알 듯 모를 듯한 심각한 단어들이 언급되었고 파편화되고 과격한 몸짓의 디자인을 자유자재로 구사할 수 있으면 건축디자인을 잘하는 것처럼 선후배 사이에서 인정받던 시기였다. 그러나 당시 학생들 중에 해체주의 사유에 대한 개념의 이해가 제대로 갖추어진 상태에서 작업을 했던 사람은 드물었을 것이다. 당시 해체주의 사유의 진정성을 제대로 이해하지 못하거나 오해하여 진정성을 유지하며 발전시키지 못한 것이 오늘날 해체주의 건축이 빠른 소멸로 귀결된 주요한 원인이었다. 해체주의 건축은 오늘날 과격한 건축어휘와 몸짓으로 기억되거나 몰이해로 급격하게 사멸한 사조로 치부되는 것이 사실이다.

그러나 해체주의는 단순히 사멸된 사조가 아니다.
건축에서 해체주의는 1980년대 말부터 1990년대 중반까지 전 세계에 걸쳐 논의되고 활발하게 조형활동이 이루어졌던 사조이나 이미 사멸된 것으로 치부되는 것이 일반적이다. 해체주의는 흔히 파괴적 욕망을 드러내는 표현이 주가 되는 사조 혹은 조크joke 정도로 일반인들에게 오해되곤 한다. 또한 해체주의는 세기말의 시기에 강대국의 문화제국주의적 도구로 사용된 측면도 부정할 수 없으며 오늘날 시효가 소멸된 것으로 생각되기도 한다. 해체라는 단어 자체의 파괴적 이미지와 건축적 표현이 그러한 오해를 양산시킨 측면이 강하다.

하지만 해체주의는 인류가 의사소통이 있는 한, 언어라는 매체와 함께 글쓰기라는 행위를 하는 이상 절대로 사라질 수 없는 글쓰기의 근원을 다루는 담론이다. 언어구조와 밀접한 관련을 맺고 있는 건축 역시 제도판의 선긋기 혹은 컴퓨터 CAD 프로그램 상에서 도면화를 위해 선을 생성시키는 행위(글쓰기의 행위)나 모델을 만드는 행위가 존재하는 한 해체주의 담론에서 자유로울 수 없다. 해체주의는 계속해서 발전되어 나가야 하는 담론이다. 주체와 객체의 '사이'에 유령과 같이 이미 들어와 있는 해체의 진정한 의미는 기존의 사회 구조 속에서는 표현하거나 드러낼 수 없었던 요소들이 온전하게 드러나 표현될 수 있게 되어 기존구조의 부족함을 보충하여 안정시키는 것에 있다. 즉, 해체보다는 오히려 더 나은 소통을 위한 '안정'에 가까운 담론이라고 보아야 할 것이다.

이렇듯 해체의 진정한 의미를 이해하기 위해서는 데리다의 다양한 상징적인 키워드들을 이해해야 하며 매력적이지만 지난한 비유를 이해해야만 한다. 주제와 객제를 끊임없이 오가면서 벌어지는 씨줄과 날줄의 짜기와 같은 상호텍스트성, 차연, 산종dissemination 등의 친숙한 해체적 개념과 이들을 설명하는 다양한 키워드의 비유는 건축적으로 기존 컨텍스트와 새로운 것 사이의 끊임없는 왕복과 해석을 요구한다.

해체주의의 담론을 명확히 이해하는 것은 일정부분 한국적 건축의 발전에도 도움이 될 것이다. 해체주의 담론이 활발히 이루어지고 진정한 의미가 실행된다면 기존의 컨텍스트와 화해하고 기존 컨텍스트의 불안정한 부분을 보충해 줄 가능성이 그만큼 커지기 때문일 것이다. 이 글이 후기구조주의 시대에 건축의 언어적 측면의 담론을 다시 한 번 숙고하는데 작은 역할이 되었으면 하는 바람이다.

2014년 7월

주요 철학자 소개

자크 데리다 Jacques Derrida 1930–2004

알제리 태생의 프랑스 철학자. 미국에 자주 방문하며 해체주의 철학을 주도하고 전파한 대표적인 인물로 철학은 물론 문학, 정신분석학 등에 관련하여 많은 저술을 남겼다. 그는 인류 역사상 글쓰기와 텍스트가 존재하는 한 계속해서 사유해야 할 '글쓰기'에 대한 중요한 철학적 화두를 던진 철학자이다. 대표 저서『그래마톨로지에 관하여』를 저술하고 소르본에서 철학 강의를 하면서 정치참여도 적극적이었다. 글쓰기의 근본적인 문제점을 지적하면서 주체와 객체의 '사이'와 '틈'에 관련하여 사유하여 형이상학적 전통을 전복하고 새롭게 다시 구성하고자 하는 담론으로 20세기 후반의 철학 및 건축예술 조형분야를 뜨겁게 달구었다. 주체와 객체 '사이'에 유령과 같이 이미 들어와 있는 해체의 진정한 의미는 기존의 사회 구조속에서는 표현하거나 드러낼 수 없었던 요소들이 온전하게 드러나게 되고 표현될 수 있게 되어 기존 구조의 부족함을 보충하여 안정시키는 것에 있다. 그의 해체담론은 오히려 안정화에 가까운 담론이라고 보아야 할 것이다.

'사이'와 '틈'이라는 공간적 키워드를 사용한 것에서 그의 사유는 근본적으로 구축 및 구조와 관련된 건축 및 공간적 사유와 유사한 주제의식을 가지고 있으며 그런 측면에서 데리다는 여러 건축가들과 교류하고 실제 피터 아이젠만과 공동작업을 수행하는 등 철학과 건축이 직접적인 관련성을 가지

1. 자크 데리다 초상

고 시대를 이끌어가는 담론을 생성시킨 드문 사례의 철학자이다.
비록 해체주의 건축이 근본적인 사유를 적용하는데 실패하고 과격한 조형적 몸짓으로 사멸된 것으로 평가되지만 해체주의적 사유는 글쓰기적 행위가 존재하는 한 계속적으로 사유되어야 할 주제이다. 그는 프랑스 학계에 있었지만 주류에 편입하지 못했으며 미국과 전세계로 유랑을 다니듯이 강연을 계속하며 정신계를 침범하고 변화시켰다. '유령의 존재론'으로 이야기할 수 있는 그의 사유는 건축분야에 많은 영향을 끼쳐 사이와 틈에 대한 사유와 표현의 한계를 극복하고자 하는 흐름 등으로 나타났다. 오늘날 해체주의 건축은 다소 과격한 건축어휘와 방법론이 사용되며 빠르게 소비되고 소진된 것으로 평가받지만 여전히 다른 새로운 방식의 해체가 필요함을 상기시켜주고 있다.

조르주 바타이유Georges Bataille 1897-1962

프랑스 문학가, 철학자. 저주의 작가로 일컬어지는 조르주 바타이유는 성직자가 되고자 했지만 실패 했으며 인간사회의 죽음과 에로티시즘이라는 무질서의 요소를 사유의 대상으로 했다. 위반, 극단, 에로티시즘, 희생과 같은 난폭한 개념들, 극단적인 만큼 악의 수렁으로 깊게 빠질 수 있는 위험한 사유를 하면서도 그의 정신은 역설적으로 경건함을 잃지 않았다.
이러한 극단의 요소들은 발터 벤야민의 사유와 같이 화합하기 힘든 서구역사의 두 가지 전혀 다른 축선을 동시에 사유하려고 했던 것과 일면 유사한 점이 있다. 코라chora와 같이 바타이유는 인류역사의 문화와 문학에 공통적으로 발견할 수 있는 위반의 역사적 근원에 집중한 결과, 인간의 역사가 금기와 위반의 역사이며, 금기와 위반은 인간을 만들어 왔다고 주장한다. 금기의 대상은 신성한 공포와 유혹으로 동시에 다가오게 된다. 그의 사유는 가

2. 바타이유 초상

능의 극단을 추구하기 위해 인류공통의 다양한 분야의 지식들이 통섭된다. 바타이유는 민족학자 마르셀 모스, 정신분석학자 자크 라캉 등과 친밀했으며 경제학, 종교사, 생물학, 민족학, 문학, 미술 등등의 다양한 분야들을 융합시켜 사유하여 통섭을 이루었다. 주요 저작으로는 『문학과 악』(1957), 『에로티즘』(1957), 『에로스의 눈물』(1961)등이 있다. 바타이유의 관심은 한 마디로 죽음까지 파고드는 삶, 즉 성금기의 위반으로서의 에로티즘이다. 그의 에로티즘은 고독, 침묵, 극단과의 대면, 즉 죽음과의 대면이다. 그의 사유 주제는 죽음의 경계까지도 해체되어 하나가 되어 오히려 '삶'을 역설적으로 강조하는 것이다. 건축에서 그의 담론은 양 극단의 것을 추구하면서 기존의 사유로는 드러내기 힘들었던 다소 난폭한 개념들이 담론화 될 수 있도록 수면위로 드러내는데 도움을 주었다는 점에서 많이 언급되고 있다. 기존의 구축방식으로는 한계가 있었던 금기시되었던 다양한 인문적 요소들을 건축분야에서 적용시키는데 자주 인용되는 철학자이다.

다섯 번째 주제 해체주의와 건축이론

5권에서는 해체주의 담론을 함께 사유할 것이다. 철학분야에서는 데리다가 주창한 해체주의 철학의 담론을 살펴보고 건축분야에 있어서는 해체주의 철학담론으로부터 파생된 건축표현 양상 및 공간에 대해서 살펴볼 것이다. 80년대 중반부터 90년대 중반을 뜨겁게 달구었던 해체주의 건축경향이 철학분야와 어떤 관련을 맺고 있는가를 이해하면 일견 파괴적 욕망의 표현이나 유희적 건축으로 잘못 이해할 수 있는 해체건축의 진정성에 대해서 올바르게 이해할 수 있으며 해체주의 사유로 촉발된 움직임을 단순히 한 시대를 풍미했던 건축적 경향으로 기억하는 것이 아니라 끊임없이 새롭게 현대적으로 재해석하며 새로운 방향성을 모색해야만 할 가치임을 이해할 수 있게 될 것이다. 해체주의 철학을 주도했던 데리다는 건축가들과도 밀접하게 상호 토론을 하며 자신의 이론을 전개해 나간 드문 사례의 철학자이며, 그와의 공동작업을 이해하면 건축이 철학과 매우 친밀하게 관련성을 가지고 작업될 수 있는 분야임을 또한 확인할 수 있을 것이다. 그의 사유를 통해 인식과 드러남의 분야인 건축이 어떤 관계로 구축되는지에 대해서도 확인할 수 있을 것이다.

오늘날 건축분야에서 해체주의는 일반적으로 그 표현의 과격성으로 인해 사멸한 사조라고 평가받고 있는 것이 현실이지만, 진정한 의미의 해체적 실험이 충분히 실현되기도 전에 사멸되어 여전히 사유하고 실험해 볼 점이 많은 사조이다. 해체주의는 우리가 언어라는 매개체, 특히 글자라는 매개체를 통해서 의사소통을 하는 한 논의가 없어질 수 없는 담론을 다루고 있는 철학적 사유이다. 건축 역시 구축어휘를 사용하는 만큼 언어라는 부분에 있어서 밀접한 관련성을 가지고 있다. 그만큼 건축에 있어서도 단순히 과도한 형태만을 만들어내는 논리가 아니라 다른 차원의 사고로 이어지고 발전시켜 나간다면 건축구축적인 측면과 표현면에서 더 많은 가능성을 찾을 수 있는 사유라고 생각된다. 지금부터 해체주의가 가지고 있는 진정한 철학적 담론의 함의를 이해하고 이후 건축분야에서 해체주의 건축이 유행하고 사멸한 이유를 정확하게 판단하여 동시대에 건축적 화두로서 재인식하고 작업할 수 있는 가능성이 무엇일까에 대해서 함께 사유해 보도록 할 것이다.

이에 따른 건축적 화두는 다음과 같다.

– 해체주의 철학과 해체주의 건축은 포스트모던 건축의 대안인가?
아니면 단순한 형태적, 공간적 유희인가?
– 오늘날 해체의 진정한 의미는 무엇인가? 파괴적 해체인가? 안정적 보완인가?
– '사이'와 '틈'에 대한 사유는 무엇인가? '틈' 속의 유령의 의미는 무엇인가?
– 유효기간이 지난 것으로 기억되는 해체주의 건축은
정말 오늘날에는 의미가 소멸된 것인가?
– 오늘날의 해체적 사유는 어떤 방식으로 실현되어야 할 것인가?
– 해체주의 사유를 설명하는 주요 키워드는 무엇인가?
– 해체주의와 현상학의 접목지점은 어디인가?
– 음성언어와 글쓰기의 차이점은 무엇인가?
– 해체주의 건축의 어휘는 어떤 특성이 있는가?
– 피라네지 및 조이스의 작품과 해체주의 사유와는 어떤 관계가 있는가?
– 해체주의 건축과 알레고리의 관계는 어떻게 되는가?
– 벤야민의 아케이드론과 해체적 특성과의 관계는 무엇인가?

해체주의의 주요관점과
PART 1
형성배경

해체주의 사유와 역설적 측면

5001 사이(틈)의 존재론

우리는 1권에서 4권까지 존재론의 변화에 따른 사유의 변화를 살펴보았고 그에 따른 사회의 변화 그리고 건축의 변화양상을 살펴보았다. 이성을 중시하여 객체를 대상화했던 사유의 폐해로 말미암아 주체와 객체를 묶어서 사유하고 의미화, 지향성, 시적 어휘를 중시했던 흐름의 현상학과 인류의 다양한 학문적 요소들의 근본구조를 사유하고 그 영역을 온전하게 껴안아 사유하려 했던 구조주의를 넘어 포스트모던의 언어적 차이와 다양성을 중시하는 흐름을 살펴보았다. 이제 살펴볼 해체주의 사유는 근본 구조로는 설명할 수 없는 차이와 다양성, 소외된 것, 욕망을 사유한다는 점에서는 큰 틀에서 포스트모던 계열의 사유의 한 분파로 생각해 볼 수 있지만 해체주의의 사유는 주체와 객체에 주목했던 지난 사유와는 달리 주체와 객체의 사이(틈)에 주목했다. 혹은 주체와 객체의 기저에 깔려있는 욕망이 온전하게 드러날 수 있는 사유를 추구했다.

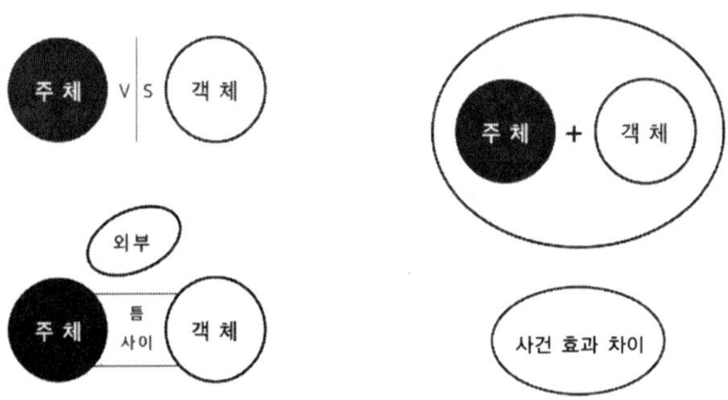

3

이러한 독특한 사이의 철학을 주창하고 전개했던 철학자는 자크 데리다였다. 건축분야에도 많은 영향을 끼친 그의 사유는 건축분야에서 빠르게 유행했다가 급격히 소멸한 사조로 기억되고 있지만 인류의 글쓰기 담론이 존재하는 한 사라질 수 없는 근본적 특성을 사유하고 있다.

5002 데리다의 철학적 사유

'유령의 사유', '틈과 사이'의 사유로 대표되는 그의 사유를 이해하기 위해서는 우선 그의 성장배경과 경력을 살펴보는 것이 필요하다. 데리다는 프랑스의 식민지인 알제리의 평범한 유대인 가정에서 태어나 그다지 유복하지 못한 유년시절을 보내고 프랑스 본토로 유학길에 오른다. 데리다 가문은 프랑스 식민기간동안 알제리에 거주해왔던 세파르디 유대인들이었다. 그들은 공개적으로는 가톨릭으로 개종했지만 사적으로는 유대교를 믿었다. 따라서 그의 가족들은 의식자체도 비밀스럽게 치르고 신앙을 위장했다. 이와 같이 데리다의 삶은 주류에 편입되지 못하고 비밀스럽게 이면에서 무언가를 행하는 유령과 같은 삶을 살았다고 할 수 있으며 그의 유년시절의 생활과 기억이 그의 사유의 특성과 밀접한 관련이 있어 보이는 대목임을 확인할 수 있다. 또한 어린 시절의 데리다는 프랑스의 고급문화와 미국의 대중문화에 매료되었으며 성장하면서 프랑스 본토로 유학을 떠나 소수의 인종으로 본토의 삶을 시작하였다. 알제리에서 자신의 종교를 숨겨야만 했던 가족적 상황과 본토에서의 생활과 고향으로 되돌아가지 못하는 이방인으로서의 삶, 계속적인 해외강연의 연속이었던 유목민적 삶, 그의 해체주의에 대한 대중들의 오해가 그를 '유령'과 같은 삶을 살도록 만들었다. 그의 사유에 자주 유령의 개념이 등장하는 것은 이같이 그의 삶의 궤적과도 밀접한 관련이 있다고 볼 수 있다. 알제리에서 유학을 떠나온 프랑스 본토의 이방인의 삶, 타향인으로서 자신의 자리를 잡기 위한 치열한 고군분투의 삶, 그러면서도 본토의 기득권에 완전히 동화될 수 없었던 그의 삶의 궤적은 타협없는 외롭고

고단한 해체주의의 삶을 살도록 그리고 사유하도록 만들었을 것이다.

이와 관련된 상징적인 사건을 들자면 데리다의 국가자격 박사자격의 통과 기간이다. 그는 대학교수로 프랑스 학계에 진출한지 23년만에 최종학위 논문이 제출되고 통과되었던 것으로 알려져 있다. 데리다는 프랑스 국립대학에 적을 두고 있었지만 어떠한 뚜렷한 직책이 맡겨진 적이 없었고 주류 프랑스 학계와 편안한 관계로 지내본 적도 없었다. 이것이 그가 프랑스 국적이고 프랑스 대학 소속이지만 전세계를 대상으로 강연을 펼치고 특히 동부의 미국대학들을 중심으로 강의를 해왔던 전력의 이유가 되었다. 그의 삶 자체는 어느 한쪽에 속하지 못하는 '유령'과 같은 삶이었으며 양극단을 끊임없이 오고 가는 해체주의의 친숙한 키워드인 상호텍스트성intercontextuality의 삶이었고 정치적 침범을 위해 끊임없이 움직인 삶이었다. 양극단을 오가면서 침범하는 그의 삶은 소외되고 변두리에서 무시되던 것들이 수면위에 올라오게 만드는 힘이 있다. 그것은 마치 지퍼zipper와 같이 양극단의 사이 간격을 끊임없이 오가면서 주체와 객체의 차이를 줄여나가는 것과 유사하다.

그는 출신의 한계를 극복하기 위해 그의 삶은 성실하고 치열하고 열정적이었다. 그는 놀랄 만큼 바쁜 일정과 다수의 저작과 끊임없는 강연을 소화했다. 자수성가한 그의 삶은 그래서 부단한 노력의 과정이자 산물이었다. 태생과 경력에서 알 수 있듯이 그는 그의 존재가 이쪽도 저쪽도 아닌 중간의 빈 공간에서 끊임없이 왕복하고 소진되고 조금의 흔적만이 남을 뿐이라는 것을 알고 있었으며 깊은 절망을 견디어내는 힘이 있었다.

유령의 존재론이라고 말할 수 있는 그의 사유는 모든 존재하는 것들이 진짜 존재하는 것이 아니라 변화하고 소멸하게 될 운명이며 우리의 인식에서 사라진다고 주장한다. 결국 남는 것은 희미한 흔적일 뿐이며 서구 사유의 역

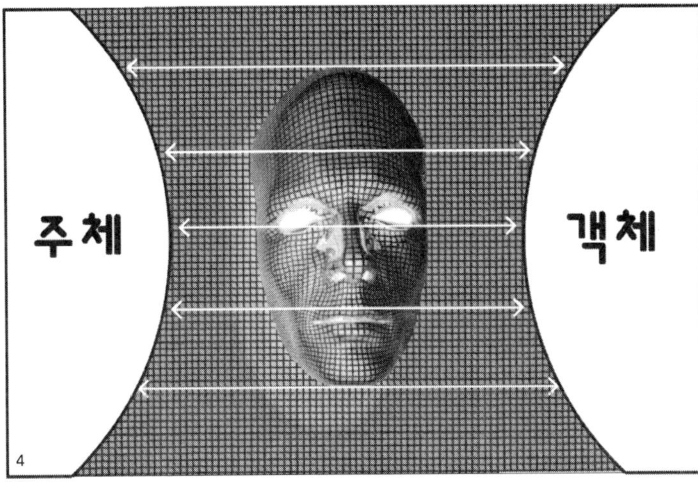

사는 완전한 인식과 존재를 꿈꾸어온 역사임을 폭로하고 있다.
존재하는 모든 것은 결국 과거에는 현전했지만 현재는 존재하지 않고 죽어버리거나 사라지면서 희미한 흔적만을 남기는 유령적인 것임을 주장하는 것이다. 다시 말해, 존재는 결국 유령화 되는 것이며 영원히 현전할 수 없음을 일깨워주는 것이다.

1966년 미국의 존스 홉킨스 대학에서 열렸던 국제 심포지움에서 자크 데리다는『Structure, Sign, Play in the Discourse of the Human Science』라는 제목의 논문을 발표했다. 이 심포지움에서 그는 구조주의자 레비 스트로스를 신랄하게 비판하면서 본격적으로 해체주의를 역사에 등장시켰다. 이 학회에서 그는 폴 드만에게 큰 호평을 받았으며 1970년대 중반 전세계적으로 명성을 얻게 되었다.
그는 경직되고 고정된 서구의 이성중심주의에 종말을 선포하고 새로운 인식의 장을 개척한 것으로 평가받고 있다. 여기서 텍스트의 이론 및 분석의

4. 주체와 객체 사이의 틈, 사이의 유령

존재방식으로서의 해체는 전통적으로 인정되고 있는 모든 것을 뒤집어엎고 기존 개념에 대해 의문을 제기하는 것이다.

해체주의를 이해하기 쉽고 간략하게 표현한다면 다음의 문장과 같을 것이다. 데리다는 "기존의 관념이나 철학적 사유 등의 모든 것은 이미 그 구조상에 심각한 문제가 있다. 시작부터 잘못되어 있으니 처음부터 다시 생각하자! 혹은 다른 표현방법을 생각해보자!" 라고 매우 당찬 주장을 하고 있다. 그는 이와 같이 기존의 학계의 위계와 질서를 뿌리부터 흔들어버리는 과격한 주장을 펼치는 사유로 인해 박사학위 취득에 있어서 계속해서 실패를 경험했다. 당시의 사회분위기와 통념상 기득권을 가지고 있는 기존 학계의 성과와 학문적 체계를 근본적으로 부정하고 새롭게 시작하자고 하는 사람에게 학위를 주기란 쉽지 않았을 것이다.

데리다는 일반적인 철학분야에서는 차마 말할 수 없는 것들을 과감하게 언급했다. 구조가 그 역사의 각 단계에서 알아볼 수 없을 정도로 변화하지 않는다면 구조가 설명 가능한 역사가 생성되는 것이 불가능하다. 즉 구조의 변화는 설명될 수가 없다. 이것은 구조가 후설이 생각하는 방식으로 구조화되어서는 안되고 더 유동적으로 더 열려있고 덜 배타적이어야 하며 후설이 시도하는 바보다 덜 불공평하게 구조화되어야 하는 것을 의미한다. 해체주의는 전통적인 방식의 글쓰기를 통해 행해지는 소통행위나 인식과 관련된 판단을 벗어나는 부분에 대해 중점적으로 다루었고 존재하는 듯 하지만 시간의 흐름에 따라 결국 흔적만 남게 되는 것에 대해 집중했다. 이러한 주제의식을 가지고 학문에서 보이는 단점, 즉 인식적 판단, 평가, 진술 등에 대한 불합리하고 부족한 부분을 사유했다.

데리다의 사유를 본격적으로 살펴보기에 앞서 하나의 예를 드는 것으로 시작하기로 하자.

여기 1+0=1 이라는 수식이 있다. 상징적으로 이 수식에서 1+0의 답은 당연히 1일 것이다. 그러나 여기서 0 자체는 아무것도 아니지만 데리다에게 있어서 이 0은 '다르게 만드는 무언가' 이다. 그는 이것에서부터 사유를 시작했다. 즉, 0이라고 하는 빈 공간Void은 'not without object' 즉, 대상이 없다고 말할 수 없는 무언가가 존재하는 것이다. 이것이 이 철학자를 유명하게 만든 가장 기초적인 생각이었다.

일견 겉으로 볼 때는 별반 차이가 없는 것 같다. 그러나 그럼에도 불구하고 그 '사이'에 무언가가 있다는 것이다. 무언가 차이가 발생한다는 것이다. 혹은 차이를 만들게 하는 무언가가 있다는 말이다. 데리다는 얼핏 보면 없는 것 같이 보이지만 그 속에 혹은 사이에 있는 무언가를 사유한 철학자이다. 그 무언가가 사실 매우 중요하고 심각하게 고려해보아야 할 부분이라고 그는 생각했던 것이다. 이 점이 이 철학자를 독특하게 만든 근본적인 출발점이 되었다.

수식이나 수학은 실증적인 분야이다. 즉, 합리적이고 이성적인 분야이다. 대상화시켜 주체가 뚜렷한 의식을 가지고 연구할 수 있는 분야이다. 구조주의도 합리적이고 이성적으로 사유한다는 점에서는 마찬가지이다. 데리다는 구조주의나 실증주의가 현전(존재하고 드러나 있는 것)과 부재(없음) 사이에 있는 무언가를 무시하거나 억압해왔다고 주장한다.

전통적인 철학사에서 주체와 관련된 존재론은 주체와 객체 외의 공간과 그것의 효과에 대해서는 별 관심이 없었다. 즉, 주체와 대상 사이의 빈 공간이 있음을 생각하지 않았다는 것이다. 그런데 데리다는 독특하게도 이러한 빈 공간에 주목하여 사유하고 있다. 예를 들어 내가 나의 생각한 바를 글로 옮겨 적는다고 가정해보자. 과연 나의 글이 나의 생각과 의도와 바람과 욕망 등을 제대로 모든 것을 드러내면서 표현하며 쓰고 있는 것일까? 나의 욕망

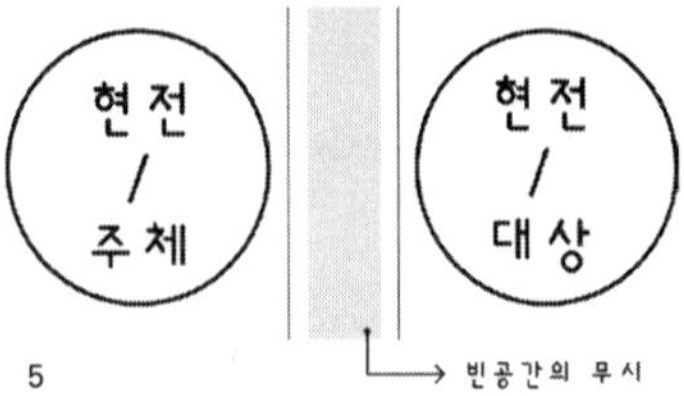

5

을 적나라하게 적는다고 하더라도 거기에는 일정부분 무언가가 부족하게 된다. 내가 말로 하는 것, 혹은 표현하는 것이 정말 내가 느낀 것과 표현하고 싶은 것을 다 표현하는 것은 불가능하며 그렇지 못한 부분이 분명 존재하는 것을 인정할 수 있을 것이다.

분명 생각하고 있는 '나'라는 주체와 내가 쓴 글은 마찬가지로 드러나 있는 하나의 대상이다. 그러나 생각하고 있는 나, 욕망하고 있는 나와 드러나 있는 글 사이에는 무언가 온전하게 표현을 하지 못한 부족한 것이 존재한다. 무언가 더 표현하고자 하는 것이 있었지만 부족하거나 억압된 무언가가 표현되지 못하고 존재하고 있음을 느낄 수 있다. 즉, 데리다가 표현하기로는 "상징계로는 설명할 수 없는 것이 유령처럼 들어와 있다"고 말한다. 따라서 데리다는 그의 저서에서 'always already' 즉, 항구적으로 이미 들어와 있음에 대해서 여러 번 강조하며 이야기하고 있음을 확인 할 수 있다.[1]

여기에서 그의 사유체계를 다음과 같이 말할 수 있다.
데리다는 현전과 부재 즉, 틈새(Gap, 혹은 경첩hinge) 사이를 중요시 한다.
틈새라는 키워드를 중시한 것은 중심과 주변부로는 설명할 수 없는 부분을 강조한 것이다. 데리다의 글에는 'Always already'라는 말이 자주 등장한다. 즉, 아직 오지 않았으나 원래 있던 것이 된다.(영어 문법적으로 보자면 미래완료이다.) 즉 쓰는 순간 무언가 부족한 현재가 되므로 미래완료적인(선미래 시점으로 쓰는) 글쓰기를 하게 되면 그러한 단점을 보완할 수 있다고 데리다는 생각했다.

데리다는 이렇게 부족한 주체와 객체 사이의 공간에 대해서 주목했다. 거

5. 주체와 객체 사이의 빈공간의 주목
1) 자크 데리다, 그래마톨로지, 김성도역, 민음사, 2010, p26.

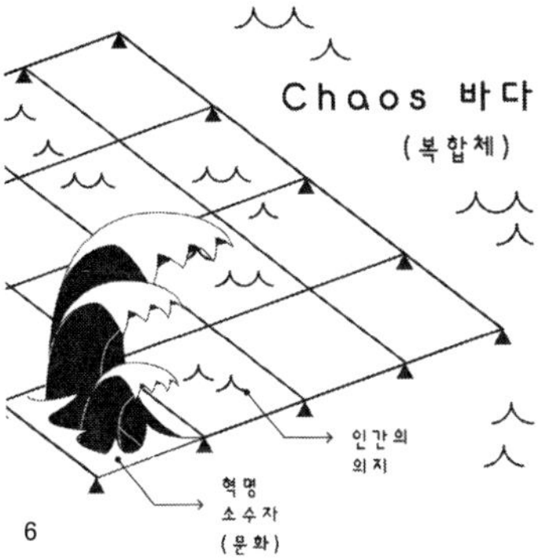

6

기에는 사이(틈새)의 공간이 있음을 강조하고 있다. 따라서 그의 사고는 근본적으로 매우 공간적인 사고라고 말할 수 있다. '차이의 눈에는 보이지 않지만 이미 차이가 보여진다 being seen'라는 것이다. 여기에서 '공간적이다' 라는 이야기는 '이미 공간 속에 시간성이 들어가 있는 것이다. 우리는 이에 대한 담론을 3권의 구소주의를 사유할 때 언급한 바가 있다. 이 개념은 달리 말해 타자에 노출된 것이다.' 라고 이야기 할 수도 있다. 사이공간에 있는 것들이 억압 및 배제되어 있으므로 달리 말해 '틈새', '사이' 라는 것은 망각하는 것이다.

틈과 사이의 생각과 미래완료적 생각은 매우 새로운 방식이라는 것에 동의할 수 있을 것이다. '틈' 혹은 '사이'의 개념을 생각해내어 기존의 사고방식과는 다른 새로운 사유방식의 가능성이 생긴 것이다. 기존의 사유에서 생각하지 않는 '틈'에 주목했기 때문이다.

후기구조주의의 한 갈래로 볼 수 있는 해체주의는 거대한 카오스라는 욕망의 바다에 기존의 구조로는 표현할 수 없는 욕망의 구조를 드러내는 것을 주요한 관심사로 정했으며 그것을 사유하기 위해 글쓰기를 대상으로 삼은 것이다. 3권에서 사유했던 구조주의는 욕망의 바다위에 떠있는 구조이다. 그 구조와 욕망사이에 존재하면서 구조만으로는 이야기 할 수 없는 '사이'에서의 무언가를 드러낼 수 있도록 '새로운 구조'를 만들어줌으로써 오히려 기존의 구조의 부족한 부분을 보완하여 좀 더 안정적인 구조로 만들어 준다는 의미이다. 해체주의적인 사유로 다시 돌아와 생각하면 처음부터 쓰기를 할

6. 카오스 바다위의 구조와 변혁의 메커니즘

때에 무언가 부족하고 억압된 대상이 있다면, 반대로 생각하여 "이런 것들을 드러나게 할 수 있는 표현과 글쓰기가 가능할 수 있지 않을까?"라는 생각에 이르게 될 것이다. 이렇게 "기존에 드러낼 수 없었던 방식의 글쓰기는 무엇일까?", "어떻게 해야할 것인가?" 가 그의 사유의 중심이 되고 있다. 구조주의가 먼저 언어와 같은 대상에 집중하여 근본구조를 연구했다면 후기 구조주의에서는 그것을 바탕으로 언어, 특히 글쓰기와 같은 언어구조 이면의 다양한 욕망이 채워질 수 없었던 부족한 부분을 드러낼 수 있는 방안이 될 수 있는 글쓰기에 대해 사유하는 것이며 사유의 관심을 그러한 방향으로 담론화시킨 공로가 있다.

해체라는 단어는 역시 무언가의 구조가 구축이 되어 있어야 해체가 되는 것이기 때문에 필연적으로 구축을 다루는 학문인 건축과 친화력이 있는 사유라고 볼 수 있다.

-무엇을 해체한다는 의미인가?

전통적인 형이상학을 먼저 살펴보기로 하자. 플라톤은 이데아적인 것이 먼저 있고 현실 세계는 이데아적인 것의 그림자에 불과하다고 생각한다. 예를 들어 다음의 그림과 같이 우리가 그리는 정삼각형은 머릿속에서 내각의 합이 180도의 완벽한 정삼각형이지만 실제 현실에서는 자기가 아무리 완벽하게 삼각형을 그리려고 해도 0.00001 프로 정도의 오차라도 생기게 마련인 불완전한 정삼각형을 그리게 될 수 밖에 없다. 머릿속에서 정삼각형은 완전한 상태의 도면으로 생각할 수 있지만, 현실에서는 불가능한 일이다. 이처럼 전통적인 형이상학은 생각하는 주체와 드러나는 객체의 이원론일 수밖에 없다. 그런데 데리다는 생각하는 주체와 드러나는 객체의 사이(틈새)를 주목하고 있다. 그리고 그러한 사유를 극대화시킨다. 기존의 서구 형이상학이 주체와 객체의 관계를 따지는 이원론이었다면 데리다는 그 둘 사이 부분을 힘차게 잡아당겨 찢어버려 새로운 가능성을 탐구하고자 했다. 이렇게 할 수 있기 위해서는 결과적으로 전통적인 형이상학적 체계와 존재론(주체와 객체의 이원론)를 공격하고 해체해야 한다.

해체철학에서 '해체주의'라는 단어는 이러한 의미에서 나오게 된 것이다.

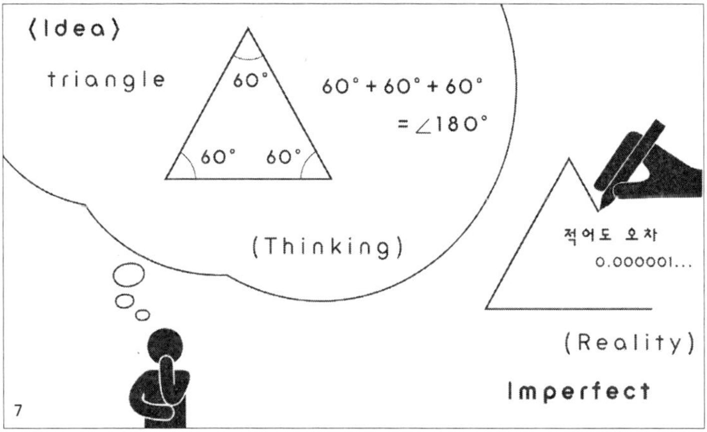

7

그러나 한 가지 벗어날 수 없는 딜레마가 있다. 해체주의 철학은 형이상학과 전통적인 존재론을 초월하고자 했지만, 원래 형이상학이라는 것이 없었다면 '형이상학을 해체하고자 하는' 사유자체가 성립할 수 없었을 것이다. 따라서 해체철학은 형이상학을 초월하는 듯 보이지만 한편으로 형이상학 속에 공고하게 얽매여 있다고도 할 수 있다. 데리다는 형이상학을 해체하려 하지만 역설적으로 형이상학으로부터 벗어나기가 그만큼 힘들다는 것을 주장하기도 하는 것이다. 다시 말해 전통적인 형이상학을 일단 가정하고 그 속에 혹은 사이에 존재하는 무엇에 대한 것을 사유하여 극대화시켜 전복시키는 방법론을 사용한다. 그렇지만 이 방법론을 사용하면, 기존에 보지 못했던 것을 드러내거나 새로운 것을 만들 수 있는 가능성은 충분하다. 해체

7. 이데아와 현실세계의 오차

주의는 일견 파괴적인 해체라는 의미가 중시되는 것으로 생각하기 쉽지만 '해체의 진정한 의미는 보충을 통해서 드러낼 수 없는 것을 드러내도록 도와줌으로써 기존의 근본적으로 부족한 구조 자체를 안정적으로 되게 하고자 하는 것에 더욱 의미가 있다' 고도 말할 수 있다. 해체를 통해 더욱 완전하고 안정적인 것으로 나아가고자 하는 의도가 있다고 말할 수 있다. 이미 구조가 생성되는 그 순간부터 부족한 점이 있었으므로 근본적으로 부족한 부분을 보충해야 한다는 생각이다.

해체주의적 사고는 대단히 독특한 발상이기도 하고 그럴 듯하기도 하다. 반면 분명히 그것에는 한계도 인식된다. 데리다가 '사이의 공간에 이미 존재하는 무언가'를 '유령'이라고도 말한 바 있듯이 이러한 부분들은 기생하는 숙주처럼 느껴지기도 한다. 또 암과 같이 조그마한 것이 전체를 삼키고 마는 현상을 보는 것 같기도 하다. 혹은 사이에 기생하면서 인간의 몸을 숙주로 사용하는 영화 '에일리언'의 장면들을 생각나게 만든다.

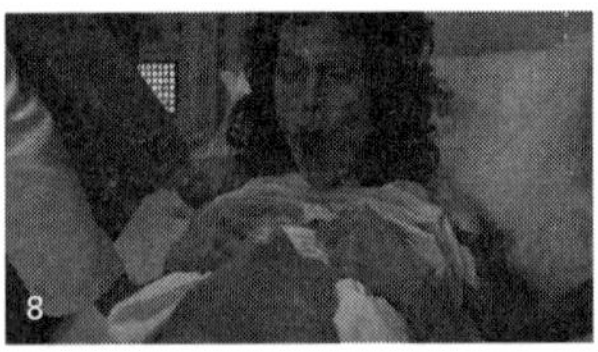
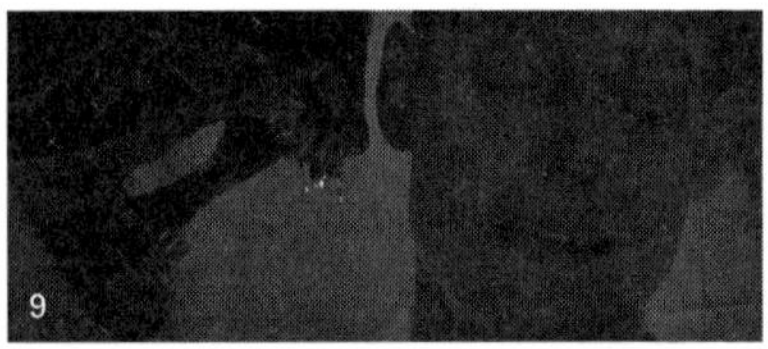

해체철학은 전통적인 형이상학에서 새로운 가능성을 탐구하고 전통적 형이상학적 체계로는 사유하기 힘들었던 부분을 과감히 열어젖히고 사유를 시작했다고 평가받기도 한다. 해체의 사유는 모든 것을 해체하고 새로 시작할 수 있는 가능성을 새롭게 탐구하자는 의미를 가지고 있는 것이다.

그러나 데리다의 철학은 형이상학을 벗어나고 초월하고 싶지만 그만큼 자체적인 한계에 직면해 있다. 해체주의 담론은 마치 형이상학이라는 링 속에서 분주하게 싸우지만 스스로 녹다운 되는 듯한 느낌이어서 마치 승산없는

8, 9. 기생하는 숙주의 이미지(영화 에일리언)

싸움을 계속하는 것 같은 권투선수의 처절함이 느껴지기도 한다.

인간세상의 다양한 문제를 야기시키는 소통의 문제는 결국 번역의 문제로 볼 수 있다. 각각의 개인들, 즉 사람들 간의 소통의지를 올바르게 번역해야 하는 문제에 항상 직면하게 되기 때문이다. 그래서 세상의 모든 문제는 소통의 문제로부터 시작된다. 연인들의 사이가 멀어지는 것도 결국은 소통의 문제가 많은 부분을 차지한다. "내말은 그게 아니야", "내가 본래 의미한 것은 이런 거라니까!" 등의 변명과 역정을 사람들 사이의 관계에서 경험하면서 우리는 답답한 감정을 느낀 적이 있을 것이다. 무언가 온전하게 소통하고자 했지만 부족한 것이 존재한다. 나라가 살 되게 해보자는 취지, 국민을 잘 살게 해보자는 취지는 같지만 생각의 차이, 신념의 차이에 따라 진보와 보수 혹은 자유주의 및 사회주의 등으로 나뉘어 서로 당파싸움을 하는 것도 결국은 소통의 문제이다. 컴퓨터의 OS 시스템처럼 같은 시스템으로 인간세상의 소통구조가 통일되어 간단한 명령어만으로 완벽하게 의사소통이 이루어진다면 이 세상은 좀 더 매끄러운 세상이 될 것이다. 그러나 언어구조의 한계와 각자 처해있는 다른 현실, 그리고 자라온 환경에 따라 사람들의 입장, 생각의 차이에서 오는 문제를 완벽하게 극복하기란 사실상 불가능하다. 그것은 언어의 한계이기도 하다. 이렇게 다른 여건 속에서 의식을 투사하여 의미화를 만들어내는 과정은 소통에 있어서 다른 차원의 문제점을 만들어 낸다.

글쓰기와 그것의 의미를 해독하는 것은 마치 영어 문장을 해석하는 공부를 할 때 모르는 단어를 찾기 위해 영영사전을 찾다가 계속해서 모르는 단어가 나오게 되어 찾고 또 찾는 과정에서 그 단어의 진정한 의미를 찾는 것이 지연되는 것과 같다. 단어의 의미는 한 단어(기표)에서 다른 단어(기표)로 이동하는 것이며 실체 자체는 허상에 불과하다. 해체의 사유에서 번역은 각각의 언어 사이에서 보다는 안으로 접혀 있는 간극을 가로질러 발생하게 된다.

의식이 투사되어 의미를 형성하게 되는 하이데거의 거주, 대지와의 관계, 세계-내-존재, 존재가 되는 장소 등의 친숙한 현상학적 개념은 형이상학적 건축물이 대지에 토대를 둔 구조로서 이해할 수 있다. 쉽게 이야기 하면 하이데거적 사유는 기존 구조에 순응하기만 했지 실제로 이면의 무언가를 드러내고 말하는 것에는 문제가 있다는 의미이다.

2권에서 언급한 바 있는 지역주의 건축은 오랜 시간 그 지역에서 내려온 선조들의 지혜와 그 지역에서 흔히 볼 수 있는 재료와 건축양식으로 지어지게 된다. 지역주의 건축은 오랜 시간 그 지역과 함께 해도 전혀 어색할 것이 없는 배치와 구조를 지니면서 장소에 어울리게 앉혀지게 될 것이다. 그러나 이 말은 오랜 시간 구축되어 내려온 기존구조를 답습하고 있다고 볼 수 있는 여지가 있다. 단순히 기존의 구조를 재현하며 재생산하고 있을 뿐이다. 바람직한 건축은 재생산이나 재현하는 것이 아니라 이면의 무언가를 드러나게 하고 동시대성이 반영되어 새롭게 창조되어야 한다. 지역이 가지고 있는 풍토나 외적변수에 따른 건축 구축방식이나 재료의 사용, 혹은 구조적 제약은 현시대에 맞게 해체되고 새롭게 표현될 수 있는 방법론이 끊임없이 실험되어야 한다. 특히 하이데거는 대지를 매우 안정적이고 인간이 거주해야할 무엇으로 생각했으나 데리다는 그 대지 자체가 하나의 불완전한 구조이자 보충해야할 구조이므로 대지를 중요시하는 순간 대지로부터 소외되는 현상이 발생하게 된다는 생각을 가지게 되었다.

데리다에게 무언가의 의미를 번역하는 것은 건축적인 비유, 즉 바벨탑의 비유를 둘러싸고 이루어진다. 바벨탑은 성경에서 하나님에게 대항하여 높은 탑을 쌓고자 하는 인간의 어리석음을 상징하는 이야기이다. 하나님은 인간들에게 각기 다른 언어를 주어 혼란에 빠뜨리셨고 사람들은 소통의 불가능으로 다툼이 생기면서 뿔뿔이 흩어지게 되었다는 이야기이다. 언어의 한계로 인해 사람들과의 진정한 소통은 그때부터 불가능하게 되었다는 이야기인데 이것은 언어의 불완전성을 상징하고 있다. 따라서 번역의 필요성은 항상 기존 구조의 구축(언어)에 대한 보충을 필요로 하게 만든다. 데리다가 "바벨탑의 미완성 자체가 그 탑의 구조이다"라고 말한 것과 같이 언어구조는 자체 내의 한계를 가진 구조임을 강조하는 것이다. 온전하게 구조화되어 소통할 수 없고 거기에는 지연되거나 보충되거나 해야만 할 놓친 무엇과 비어 있는 무언가가 존재한다. 비어있는 그것은 주로 유령으로 불리며 사유되었다. 데리다가 생각하기에 형이상학의 구조는 바벨탑과 같이 미완성이고 무언가 보충해야 할 사유대상이었다.

데리다는 형이상학의 부족한 부분을 보충하기 위해 형이상학을 해체하기에 이르른다.

5003 해체주의 사유의 역설적 측면

전술하였듯이, 데리다 사유의 내용은 상당히 많은 역설들로 가득 차 있는 듯 보인다. 그럴 수밖에 없는 것이 그의 사유는 '형이상학적 체계를 벗어나기 위해 형이상학적 체계를 끌어들이기 때문'이다. 형이상학을 벗어나기 위해 형이상학을 끌어들여야 하는 것 자체가 이미 한계를 내포하고 있다고 볼 수 있다. 그래서 그는 모순과 같은 해체의 진정한 의미를 이해 시키기 위해 역설적인 금언과 같은 문장을 많이 사용한다.

예를 들어보도록 하자. 데리다는 '헤겔은 형이상학의 종말과 동시에 글쓰기가 시작된다' 고 언급한다. 이 이야기는 형이상학을 해체하면서 새로운 글쓰기의 가능성이 시작된다는 의미이다. 매우 역설적이다. 또 예를 들어보도록 하자. '진리는 스스로 드러내기 위해 은유를 필요로 한다. 진리=지름길 shortcut 이다.' 이 주장은 진리는 자신을 드러나 보이도록 하기 위해 어느 정도

감추어져 있는 은유를 필요로 한다는 뜻이다. 이것은 무언가를 숨겨야만 온전하게 모두를 드러나게 할 수 있다는 의미이다. 이것 역시 역설적이다.

다시 예를 들어보도록 하자. 성경에는 많은 비유로 가득 차있다. 데리다는 성경에 쓰여 있는 하나님의 진리를 온전히 전파하기 위해서는 그대로 나타내는 것은 모두를 보여줄 수 없다고 언급한다. 그래서 그는 진리를 전달하기 위해 '은유라는 수레' 혹은 '탈 것'에 진리를 싣고 전달한 다음 은유는 버리게 된다고 이야기한다. 그래서 구약의 하나님은 장막이라는 보이지 않는 베일 안에 가려져 있다. 하나님 그 자체가 '진리'이기 때문이다. 진리는 곧바로 드러나면 진리로서의 가치가 없다. 무언가 감추어져 있어야 진리가 될 수 있는 역설이 있는 것이다.

데리다가 쓴 저서 『그래마톨로지에 관하여』에서는 형이상학의 '경첩hinge' 의 개념을 언급하고 있다.[2] 여기서 경첩이라는 것은 문과 문틀 사이의 철물로서 중요한 것을 연결해주는 '사이In-between'가 된다.

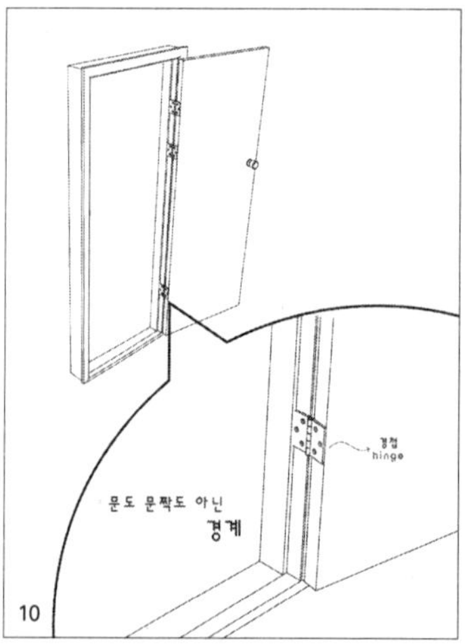

10

이처럼 데리다의 사유에는 역설적인 비유와 표현이 많이 등장한다. 사유 자체가 기존의 전통적인 철학과는 다른 영역인 '사이'와 '틈'이라는 '흔적'의 영역을 탐구하기 때문에 이 부분을 설명하기 위해서는 직설적이거나 혹은 직접적인 설명은 오히려 그 '사이'의 사고를 이해하는데 부적절하다고 생각했었을 수도 있다.

그가 생각하는 진정한 글쓰기는 결

10. 경계, 경첩, 힌지hinge의 사고

2) 『그래마톨로지』는 프랑스의 철학자 자끄 데리다의 해체론에 있어 주요한 개념이자 저작물의 제목이다. 그래마톨로지grammatology는 글쓰기gram에 대한 담론으로 사이와 틈의 부족한 부분, 지연되는 부분에 대해 담론화하고 사유하기 위해 데리다가 만든 단어이다. 그는 소쉬르의 구조주의 언어학과 레비스트로스의 구조주의 인류학을 날카롭게 비판하기 시작하였다. 데리다의 이 비판적 작업의 핵심은 서구 형이상학에 대한 비판이자 로고스 중심주의에 대한 비판이라고 할 수 있다. (문학비평용어사전, 2006.1.30, 국학자료원, 부분인용)

핍되는 것을 '초월beyond'하는 것이다. 또는 그의 해체론은 '현재 속에 미래를 기입하기'이다. 다시 말해, 데리다는 우리가 무언가를 생각하고 글을 적었을 때 적는 그 순간 무언가 근본적으로 부족하게 되는 악순환에 빠지며 이것을 극복하는 글쓰기가 필요하게 됨을 주목한다. 이런 경우 이것을 극복할 다른 방식의 글쓰기를 통해 '현재속에 미래를 기입하는 방식'으로 되어야 온전하게 자신의 진정한 의도와 욕망 등을 표현할 수 있다고 그는 생각했다. 그래서 데리다는 기존의 글쓰기는 '무언가 기입되는 순간 대리/보충의 세계에 빠져 들어간다.(언어학과 문자학) ' 라고 강조한다. 즉 일반적인 글쓰기는 일단 기입하고(쓰고) 나면 부족한 무언가가 생기며 부족한 것이 존재한다는 이야기이다. 이것을 벗어나기 위해 데리다는 회집gathering을 통해 새로운 글쓰기의 가능성이 생기게 된다고 주장한다.[3)]

이해하기 쉬운 사례를 들어보자. 만약 내가 화장실에서 용변을 보아야 되겠다고 생각해서 '나는 화장실에 가고 싶다'라고 기입했다고 가정하자. 그 글을 읽는 사람들은 그 사람의 진정한 의도를 어떻게 알 수 있을까? 그냥 그 한 문장만으로는 그의 진정한 의도를 알 수 없다. 정말 배설과 관련된 생리현상이 급해서 가야겠다고 할 수도 있고, 여성의 경우라면 화장을 고치고 싶어서 가고 싶은 경우도 있을 수 있으며, 손을 씻거나 다른 의도가 있어서 갈 수도 있다. 무언가 다른 욕망을 해결하기 위한 것일 수도 있다. 예를 들어 성 폭행범에게 있어서 '화장실에 가고 싶다' 라는 의미는 우리에게 소름끼치는 기억으로 다가오는 문장일 것이다. 온전하게 의미를 전달하기 위해 또 그것을 온전하게 설명하기 위해서는 그 문장에 덧 붙여 또 다른 설명이 필요하게 되고 덧붙여 설명하는 가운데 그 내용을 설명하기 위해 또 다른 설명이 끊임없이 이어지게 마련이다. 결국 진정한 의미와 의도는 끝내 전달될 수 없을지도 모른다. 이것은 마치 영어를 공부할 때 처음 영영사전으로 모르는 한 단어를 찾아 의미를 찾아보다가 그 단어를 설명하는 문장속에

3) 글쓰는 순간 발생하는 부족함을 극복하기 위해 모든 것을
다 드러낼 수 있도록 함께 모든 것을 가져와 생각하자는 의미이다.

서 또 모르는 단어를 만나게 되어 계속적으로 사전을 찾고 또 찾는 것과 유사하다. 이러는 가운데 마치 미로속에 빠진 것과 같이 빙빙 돌면서 순환되고 지연되는 경험을 한 경우가 있을 것이다. 음성언어의 경우에는 굳이 "화장실에 가서 직접적으로 대소변을 해결하고 싶다"고 이야기하지 않더라도 "Where can I wash my hands?" 라고 돌려 말한다면, 그 사람의 애절한 눈빛과 상황의 문맥과 흐름, 제스쳐 등에 따라 듣는 사람이 쉽게 이해하고 그 사람을 화장실로 안내할 수 있을 것이다.

이런 측면에서 서구에서는 음성언어가 문자언어보다 항상 우월한 것으로 간주해 왔다. 언어라는 도구는 소통에 편리하지만 자체적으로 태생적인 한계가 있기 때문에 각 주체의 생각과 욕망과 의도를 모두 전달하고 드러내게 하는데에는 근본적으로 결핍과 부족함과 지연이 생길 수 밖에 없다.
데리다는 현전의 형이상학에 대해 언급하면서 자신의 기원에 관한 질문이 '망각'되어 있음을 주장했다. 처음 구조가 형성되는 순간 무언가 부족한 것이 생기기 때문에 근본적으로 무언가가 망각된 채로 구축되어 있음을 이야기 하는 것이다. 다시 말해 이미 기원이라고 쓰인 것에는 쓰는 순간 부족한 대리/보충의 세계에 빠져들기 때문에 이미 부족한 상태의 무언가가 남아 있고 그것은 진정한 '기원'이 될 수 없다는 의미이다. 그래서 데리다에게 기원은 '타자'에 의해 오염된 잡종hybrid으로 간주된다.

데리다는 짧은 공식으로 표현되는 실증과학 역시 현전의 형이상학을 감추거나 억압하기 위해 발전시킨 것으로 생각했다. 이것도 결국 짧은 수식으로 표현된 과학적 공식이라는 쓰여진 텍스트는 그 외의 것을 인정하지 않는 폭력성과 부족한 무언가를 가지고 있다고 보는 것이다.
이러한 점을 생각해 보았을 때 해체주의 철학은 기존의 형이상학적 관점에서 생성되었던 부분에서 이미 부족했던 부분에 대해 사고하려고 했고, 새로운 글쓰기를 통해서 기존에는 사유할 수 없었던 부분, 드러낼 수 없는 부분까지도 표현하고 드러낼 수 있는 방법론에 대해서 사유한 것이었다. 그러나 한 가지 단점은 그런 방식 역시 결국 형이상학을 떠나서는 사유할 수 없는 독자성의 한계가 존재한다는 점에서 자유로울 수 없는 단점을 보일 수밖에 없다.

이렇게 애매모호한 해체의 개념인 부족과 결핍을 극복하거나 사유하고 전파하기 위해 데리다는 다양한 단어와 키워드를 비유로 설명하고 있다.

5004 해체주의 사유의 기본 키워드

해체주의 철학은 거의 전적으로 데리다의 독창적인 사유로부터 시작되었다. 앞서 언급했듯이 데리다는 박사학위를 받으려고 논문을 제출하고 심사를 받았지만 실패했다. 철학사 전체에 대한 근본적인 부정을 통해 기존 방법론을 해체하고자 하는 그의 논문은 기존의 학문을 배경으로 발전시켜 나가려는 속성을 지닌 학계와 기득권층에게 근본적으로 반발을 받을 수밖에 없는 학문적 입장이었기 때문이다.

그래마톨로지grammatology는 '형이상학의 경첩'을 의미하며 이것은 결핍되는 것을 초월하여 사유하는 것이다. 해체론은 그래서 현재속에 미래를 기입하는 것이라고 달리 말할 수 있다. 기입되는 순간 결핍되어 대리/보충이 세계에 빠지게 되기 때문에 무언가 다른 방법론이 필요하게 된다. 여기에서 차연의 개념이 나오게 된다. 데리다는 이 점이 언어학과 문자학의 한계이자 문제점이라고 보았고 그것을 해체적 사유로써 극복하고자 했다. 이후에 살펴보게 될 해체주의의 키워드들은 끊임없이 서로를 왕복하면서 주체와 객체와의 필연적인 간격을 메꾸거나 단점을 보완하기 위한 움직임을 의미하는 단어들이다.

해체주의 철학에서 자주 언급되는 개념과 관련된 키워드들은 다음과 같다.

-상호텍스트성 Intertextuality

데리다에게 일반적인 텍스트는 단순히 문법이나 구문이라는 측면에서 무언가 부족한 것으로 본다. 그에게 텍스트는 완전하지 않은 것이다. 무언가 부족하다. 따라서 담론의 형태는 서로 독립적이지 않고 중첩된다고 간주한다. 문장 자체는 무언가 부족하기 때문에 중첩하면서 서로를 보완하며 컨텍스트와 행간을 만들어내게 된다. 두 텍스트 사이의 공간을 인식하여 양쪽을 오고 가며 양쪽 모두를 참조함으로써 일차적 해석을 유보하고 행간의 의미를 드러나게 만드는 것이다. 2권에서 살펴본 바와 같이 의식을 대상에 투사하여 지향성이 생기고 의미가 생성되는 것을 통해 주체와 객체를 묶어 생각하는 것을 주로 사유했던 현상학적 개념과 연결되는 부분이라고 말할 수 있다. 상호텍스트성은 오늘날 해체건축에서 덧붙여지거나 과잉적 표현 역시 무언가 부족한 것을 온전하게 드러나게 하려는 해체주의의 근본적인 물음에 대한 반응으로 나온 것으로 보아야 할 것이다.

이런 의미에서의 상호텍스성은 해체담론에서 핵심적이다. 그것은 기존의 텍스트에서는 미처 다 말할 수 없거나 드러낼 수 없는 것을 드러낼 수 있게 해준다. 다시 말해 해체라는 단어는 사실상 기존관념을 해체한다는 의미이기 때문에 실제 작업 자체는 매우 다른 방식으로 안정적으로 만들어주는 보충적 개념에 더 가깝다. 해체건축의 파괴적 몸짓이나 과격한 어휘의 남발로 일어나는 방법론은 이런 측면에서 다시 생각해 볼 필요가 있다.

해체는 상호텍스트성을 통해서 하나의 경계를 허물기 위한 수단이 될 수 있으며, 경계를 허물기 위한 수단으로 다른 텍스트와의 자유로운 의사소통을 가능하게 해준다.

건축부문에서는 기존의 컨텍스트와 새로운 의미의 텍스트를 집어넣으려고 하는 가운데(새로운 건축물을 설계하는데) 상호텍스트적인 과정을 통해서 기존 컨텍스트에서는 드러낼 수 없었던 것을 드러내고 그 컨텍스트를 보충하여 안정적으로 만들어준다. 자연스럽게 상호 텍스트성은 건축 안에서 재해석되며 다양한 의미를 만들어 내는 구축방식은 주어진 사적 공간 안에서 스스로 자연스럽게 조화를 이루며 기능하도록 구축된다. 텍스트의 생산성은 다른 텍스트들에서 언급된 것들을 위한 교차점을 제공하는 상호텍스트성에 있다.

–차연差延 différance

우리가 글쓰기를 통해 텍스트를 작성할 때 무언가를 기입하는 그 순간 무언가가 부족하기 때문에 글쓰기는 대리보충의 세계로 빠져들게 된다. 무언가를 쓰고 만드는 재현행위는 그 자체의 불완전함 때문에 결코 완전한 그것이 될 수 없으며 의도를 온전히 전달하는 것도 불가능하게 된다. 그렇게 되면 다시 한번 무언가 대리보충의 세계로 빠져들게 된다. 차연différance이란 다르다differ 와 미루다defer 의 의미를 동시에 갖는다. 이것은 시공간적으로 분리되고 미루어지는 것을 의미한다.

–다르다differ 는 것은 공간적으로 분리되는 것을 의미한다.

–미루다defer 는 일시적으로 분리하는 것을 의미한다.

우리가 객관적 실체로 인정하는 것은 근본적으로 공간을 점유하여 존재하고 일시적이기 때문에, 어떤 것이 완전한 자기 존재적 정체성을 가진 자체로서 주어지는 순간이 없다고 데리다는 주장한다. 주체와 객체 사이에는 항상 실체 중심의 부재인 틈gap 이 있다. 실제로 중요한 것은 바로 '차이'임을 데리다는 주장했다. 차이의 세계가 중요하고 후기구조주의는 역설적으로 구조를 더욱 보충해서 안정화시키는 것을 필요로 하기 때문이다.

대리보충의 세계에 일단 빠지게 되면 의미는 '지연'되고 유보되는데 그러한 과정에서 반드시 '흔적'이 발생하게 된다. 차연은 기원에서부터 자신과의 거리를 두고 흔적을 남기면서 새로운 무언가를 만들게 된다. 처음부터 차연은 구조를 구성하기 보다는 기존 구조를 우회하여 기본구조와 지탱하는 것들을 불완전 하거나 불안하게 만들면서 새로운 것으로 만드는 작용을 진행시킨다. 차연은 아직 오지 않은 미래와 마찬가지로 과거에 있어서도 똑같이 관련되는 흔적을 만들어낸다.

데리다는 무언가 현재의 방법론으로는 표현할 수 없는 것을 사유하기 위해 차연이라는 개념을 도입했고 그것은 현재 존재하는 것과 부재하는 것 사이에 무언가 효과를 만들어내는 부재를 사유한다. 즉 현존했지만 사라져 가는 '흔적'에 대해서 사유한다. 차연은 주체가 절대적으로 사유하는 폭력성과 동질화(동일성)에서 효과를 만들어내는 일종의 분화微分化, différntiation이다. 해결되지 않고 지연되면서 특정용어에 귀속되는 것이 아니라 사이의 틈새의 무언가를 드러내는 키워드이다.

–대리보충Supplément

보충Supplément은 대행하다suppleer의 의미를 지니고 있다. 대행한다는 것은 무언가가 부족해서 다른 사람(것)이 대신한다는 의미이므로 거기에 이미 무언가 '결여'가 전제되고 있으며 보충되어야 할 충실함이 결여되어 있다. 그것은 둘 다임과 동시에 아무것도 아니다. 차연과 마찬가지로 대리보충은 사이에 내부에 함께 동거하며 현전과 부재 둘 다의 의미를 품고 있다. 그것은 부족하기 때문에 보충되어야 하며 한편으로는 잉여이고 풍족한 것과는 대립적인 의미이다. 다시 말해 이 단어는 이미 존재하고 있는 전체에 삽입되거나 부가적으로 덧붙여져야 할 일종의 잉여이고 과잉이며 충실하게 하는 또 하나의 충실함이라고 해석할 수 있다.

–산종散種, dissemination

산종은 텍스트의 상호작용에 의해 발생하는데 그것은 본래 종자가 출생지로부터 멀리 뿌려지는 것(씨뿌리기)이다. 이런 과정을 통해서 유동성과 모호성이 만들어지게 된다. 산종이란 처음 사용된 장에서부터 떨어져 나가 곳곳에 흩어지고 새로운 의미 작용을 어떻게 만들어 나가는가를 가리킨다. 또한 산종은 모든 사항을 적어도 잠재적으로 보충하고 본질적으로 무한히 치환하게 하는 이론인 동시에 그것의 실천이다.

키워드에서 보여지듯이 '산종'은 씨뿌리기와 같이 새로운 DNA(정액)이나 바이러스가 새로운 대지나 새로운 대지나 생명체에 씨 뿌려져 기존의 DNA를 보유하면서 새로운 무언가를 증식시키면서 만들어내는 효과가 있다. 씨앗이 흩뿌려져 다른 영토에 뿌리내리게 되면 그곳에 그 씨앗의 DNA가 성장하면서 그 영토를 변화시키고 자신의 특성을 드러내게 된다. 영토화를 만들게 되는 과정은 전혀 다른 성질의 영역에 자신을 드러내고자 하는 바가 형성되어 꽃 피울 수 있는 여건이 형성되게 된다.

해체의 사유는 기입된(쓰여진) 텍스트가 있음을 전제로 하는 담론이다. 쓰기라는 것과 이미 쓰여진 텍스트가 존재하지 않는다면 해체의 사유와 중요한 해체의 키워드 개념이 성립되지 않는다. 도시와 건축의 측면으로 생각하면 컨텍스트가 존재하지 않는 건축은 성립이 될 수 없다고도 볼 수 있다. 기존 도시에 건축한다는 것 자체가 기존 도시의 컨텍스트를 분석하고 자신의 건축을 삽입 한다는 것이며 기존의 구조에 자신의 의도를 쓰는 것(기입하는 것)과 같은 행위이기 때문이다. 결과적으로 해체담론에서 텍스트가 중요하듯 건축분야에서는 컨텍스트가 매우 중요하다. 해체주의 사유가 오랜 시간의 역사 및 기억이 축적되어 컨텍스트가 강한 유럽에서 발현된 것은 우연이 아니다. 그만큼 기존의 컨텍스트를 해석하여 새롭게 글쓰기를 하면서 조화와 화해를 이루어야 할 필요성이 큰 사회적 배경이 존재하기 때문이다. 또한 여러 민족이 섞여서 다원적 다문화 사회가 되어 가고 있는 이 시대에 화해와 공존, 통합의 사고가 필요하기 때문이기도 하다. 필자는 해체의 사유가 프랑스인이면서 동시에 알제리계의 이민자 집안의 출신인 데리다에게서 시작된 것 역시 우연이 아니라고 생각한다. 유럽이라는 컨텍스트에서 활동한 프랑스인이지만 그 역시 정통 프랑스인이 아닌 알제리계 소수민으로서 주류가 되지 못하고 끊임없이 사이공간에서 미끌어지는 인생을 살아오면서 자신이 주장하거나 욕망하거나 드러내고자 하는 것을 온전히 드러내고 싶었을 것이다. 그의 사유는 다분히 파괴적인 이미지의 해체주의라는 담론을 설파했지만 정작 본인은 매우 안정적인 자신의 교수직과 사회활동을 대단히 '즐겼다'라고 전해진다. 이 역시 그의 해체담론과 그의 배경 및 경력과 무관하지 않아 보인다.

데리다는 난해한 해체주의 사유를 전파하기 위해 우리 주변에서 쉽게 접하고 있는 글쓰기와 텍스트에 대한 사유를 설명하는데 있어서 비유를 들어 전개해 나갔다. 기존의 질서를 침범하고 변화시키려는 다소 파괴적인 느낌의 욕망의 사유를 펼쳐나간 것이다. 우리가 지금까지 간과해왔던 대리 보충의 세계에 대한 사유를 전개했던 데리다의 사유는 독창적이다. 그는 철학이라는 분야가 지금까지 사유하지 못했던 주체와 객체의 '사이'에 주목하고 그 안에서 잠재되어 있는 것을 사유하여 주체와 객체 사이의 이분법적 사고를 극복하고 화해시키고자 했는데, 바로 그 점이 우리에게 매력적으로 다가온다. 그는 '사이'와 '틈'을 사유하기 위해 글쓰기라는 대상에 주목했고 글쓰기에서의 언어적 구축행위는 본질적으로 언어의 구조와 같은 건축과 매우 밀접한 친화성을 가질 수 있음을 발견했다. 데리다는 자연스럽게 언어에 주목하여 작업을 해왔던 아이젠만의 요청으로 작업을 같이 하게 되고 건축분야에 있어서도 의미있는 공동작업들을 수행하면서 그의 해체담론을 더욱 풍성하게 할 수 있었다.

5005 그래마톨로지의 주요 개념

데리다의 저서『그래마톨로지』는 해체철학의 핵심적인 사유를 정리하고 있는 주요저작이며 해체의 사상이 가장 잘 요약되어 드러나 있다. 그래마톨로지의 내용을 살펴보는 것은 해체사상의 핵심에 다가가기 위해 필수적이다.

그는 기표이전의 '글쓰기'가 대립구조와는 다른 차원의 것이라고 생각했다. 이것은 대립구조를 가능하게도 혹은 불가능하게도 하는 조건이었다. 이러한 것들이 나타나면 대립구조가 불가능하고 물러나면retreat 대립구조가 가능하게 된다고 보았다. 이 대목에서 해체주의는 주체와 객체를 나누어 생각했넌 사유체계에서 벗어나 있다고 볼 수 있지만 주체와 객체라는 것이 존재하지 않았다면 이러한 생각조차 가능하지 않았음을 가정할 수 있다. 주체와 객체를 벗어난 사유를 하기 위해 주체와 객체의 관계를 다시 끌어들여야만 사유할 수 있는 한계를 내보이는 것이다. 흔적에 대한 사유를 중시하는 그의 담론체계를 보면 이것 역시 기존하는 것들 즉, 컨텍스트의 중요성을 다루는 담론임을 알 수 있다.

데리다에게 사이에 존재하는 것들은 현재 드러나 있지는 않지만 현존하는 것이며 부재하는 것이다. 다만 그것은 '흔적'을 남기는 것이다. 데리다는 존재가 존재자를 개방opening하면서 흔적을 남기는 것이라고 생각했다. 여기서 현상학적 단어가 등장한다. 의식이 투사되어 의미가 생성되는 과정에서 데리다 사유의 '차이'가 발생한다. 그에게 있어서 존재한다는 것은 현존하는 것도 아니고 부재한 것도 아니다. 다른 말로 표현하자면 기표체계 이전에 기표체계로 존재하고 있는 것이다. 즉 드러나지 않고 있다는 뜻이다. 일반적으로 언어=기표 이고 해체적 사유에서는 기표로는 표현되지 못하는 무언가가 있는데 이것을 '대리' 혹은 '보충'이라고 한다. 기표에는 무언가 구멍이 존재한다. 이 문장의 뜻은 기표로는 충분하지 않다는 것을 의미한다. '과잉'

은 '부족'하다는 것에 다름이 아니며 그래서 보충Supplément이 필요하게 된다. 그래서 데리다는 '형이상학은 존재 망각의 역사이며 보이지 않는 것이다.' 라고 이야기 하기까지 한다.

데리다의 사유는 주체와 객체의 이원론이 바탕이 되지만 그것의 사이를 사유하기 때문에 데리다에게 있어서 바깥은 곧 안이라고 생각할 수 있다. 이런 식으로 접하게 되면 주체一者와 객체多者의 대립구조가 해체된 것이라고 달리 생각할 수 있다. 데리다가 말하는 텍스트는 다분히 개방적인 텍스트이다. 그의 사유는 어느정도 이원론적인 사고를 초월하는 부분이 있으므로 '종말=시작'이라는 등식이 성립할 수 있다. 이것은 달리 말해 울타리와 같은 경계선을 의미할 수 있다. 울타리에서는 처음과 끝이 동시에 나타나고 이어진다. 역설적이지만 모든 것을 포함하고 있는 '보충'을 하는 것이다. 이것은 전미래 시제 및 미래완료로 달리 말할 수 있다. 현재에 있지만 미래까지 기입하고 사유하고 드러내는 것이다. 현재 기입하면 무언가 부족하고 사라져버리는 것을 보완하기 위해 미래까지도 껴안고 있는 사유를 제시한 것이다. 프로이트의 경우에는 '과거'의 억압 된 것을 분석하여 재구성하는 것이고 라캉은 미래를 사유했으나 데리다는 '전미래'라는 시점을 사유했다.

따라서 데리다는 이러한 사이의 개념을 설명하고 무언가 부족한 것에 대한 보충과 대리적인 것을 설명하기 위해 앞서 살펴본 다양한 키워드 및 은유적 개념을 들어 설명하게 되었다.

이와 같이 데리다는 형이상학을 해체하려고 하지만 형이상학으로부터 벗어나기가 매우 힘들다는 것을 강조하고 있다. 주체와 객체 사이의 유령과 같은 무의식과 카오스의 욕망 등이 주체와 객체를 끊임없이 오가면서 상호보충하고 드러나는 과정을 거치게 된다.

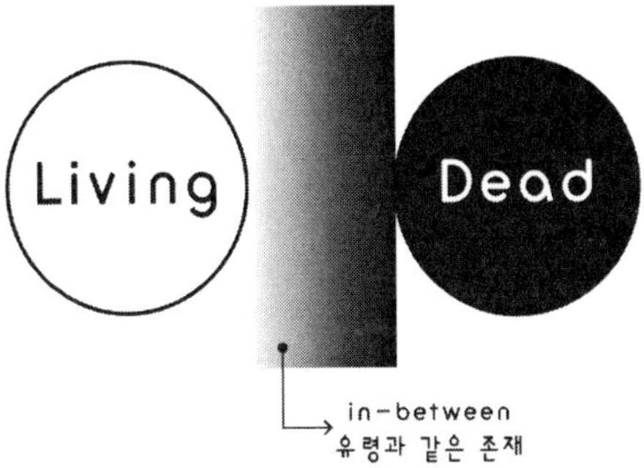

11

이렇게 이원적인 것 사이에서의 논리는 주체와 객체와의 사이의 유령으로 볼 수 있고 또 살아있는 것living과 죽어있는 것dead 사이의 유령과 같은 사이를 생각해볼 수 있다. '대리-보충'의 설명은 유령의 논리이며 '삶'과 '죽음'의 사이에 있는… '사이'의 논리이다. 데리다는 비논리적이지 않고 매우 논리적인 글쓰기를 하고 있다. 말하는 것(삶)과 글을 쓰는 것(죽음)이라고 한다면 사이에 있는 가운데 '살아있으나 죽어 있는 것Living dead'이나 마찬가지라고 생각한다.

12

데리다는 루소에 대해서 언급하면서 원시문명에 문자를 가르친 이후 음모와 폭력이 나타나기 시작한 것에 대해서 언급했다. 그래서 원시문명에서 문자는 외부에서 들어온 악惡이라고 생각하는 경향이 있다. 악은 아직 오지 않았으나 원래 있던 것이다. 다시 말해 미래 완료가 되는 것이다. 이것은 달

11. In-between의 유령
12. 주체와 객체 사이의 유령의 일어남

리 이야기하면 마치 유령과도 같이, 아직 일어나지 않은 일이 이미 자주 내부에서 발생해서 존재하고 있는 것이다. 따라서 텍스트를 만들 때 미래에 무언가를 만들어줄 때 미리 들어가 있는 무언가까지도 생각해서 만들어주어야 비로소 안정될 수 있을 것이다. 그렇지 않으면 계속해서 대리보충의 악순환에 빠지게 될 것이다. 단어 프로그램Pro(이전)-gramme(글쓰기, 문자)은 '이전에 쓰여진 것'의 뜻을 지니고 있기 때문에 프로그램이라는 단어 Program에는 자신을 해체할 수 있는 요소를 이미 내포하고 있는 것이나 다름없다.

13
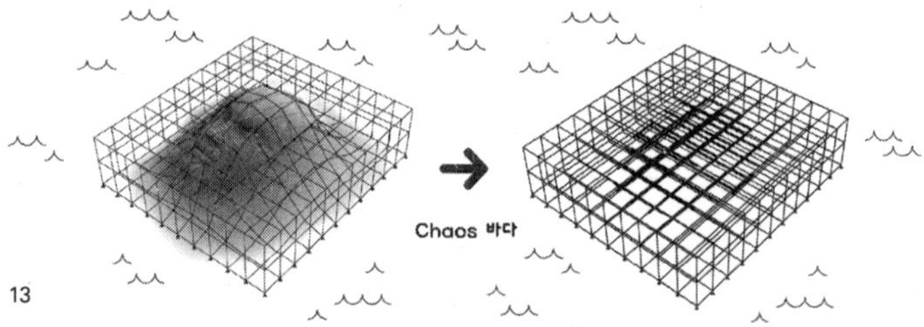

양 극단 사이를 왕복하면서 이쪽도 저쪽도 아닌 빈 공간에서 끊임없이 왕복하고 소진되고 나면 이후 희미한 흔적만 남을 뿐이라고 생각하는 데리다의 유령의 존재론은 모든 존재하는 것이 잠시 드러났다가 소멸하게 될 운명이며 결국은 우리의 인식에서 사라지게 된다는 것을 강조한다. 앞의 다이어그램은 기존의 구조가 존재하고 구조의 사이에서 미처 드러나지 못했던 것들이 구조 사이의 틈새로 드러나고 난 이후 사라지게 되며 그것이 구조속에 희미하게 흔적이 남는 상황을 보여준다. 기존의 구조를 파괴하는 것이라기보다는 기존의 구조에서 드러나지 못한 부분의 욕망이 온전하게 드러나면서 기존의 구조와 함께 독특한 무언가가 되는 것을 보여주고 있다.

–안과 바깥의 개념과 진리개념

데리다는 양쪽을 오가면서 주체와 객체 사이의 간극을 메우는 개념을 설명

13. 구조사이의 유령의 존재와 흔적

하기 위해서 다양한 비유를 들어 이해하기 쉽게 설명한다.

그는 비유로서 'Double Bind'의 사례를 들고 있는데 더블 바인드는 서점에서 책을 구입하려 했을 때 책을 선전하기 위해 반이나 3분의 1정도로 책을 감싸고 있는 부분이다. 이것은 책의 내용을 전체적으로 요약하여 설명하거나 추천이 적혀있는 종이를 말한다. 보통 더블 바인드는 서점에서 책을 선전하기 위해 출판사에서 책의 내용을 시각적으로 잘 보이게 하고 전체적인 흐름을 한눈에 쏙 들어올 수 있도록 적기도 하며, 추천인의 권유의 문구, 혹은 자극적인 카피 등을 삽입한다. 그것은 바깥에 있으면서 전체적인 책안의 내용을 설명하고 있기 때문에 이것은 역설적으로 안이면서 동시에 바깥이다.

14

그런 의미에서 데리다에게 바깥은 역설적이게도 내부여야 바깥일 수 있으며 그는 이러한 개념을 담론화 하고 있다. 이렇게 되면 진리를 알기 위해서 진리는 숨겨져 있어야 한다는 역설이 성립된다. 진리는 부정확하지만 필요한 것이고 진리가 없다면 해체할 것도 없다. 이것은 앞서 언급한 바와 같이 구조가 존재하고 부족한 사이공간은 이미 존재했으며 그것을 부충하기 위해 현전과 부재 사이의 '틈새'와 '사이gap'를 사유한다는 이야기이다. 그것은 문과 문틀이 있으면 문과 문틀을 연결해주는 경첩의 존재와 같은 것이라고 할 수 있다. 그래서 데리다의 글에는 'Always Already'라는 '항상 이미 들어와 있음'이라는 말이 자주 등장한다. 이것은 곧 바깥이자 안이다. 즉, 안이자 바깥인 공간을 이야기하는 것이다. 이것은 장소속에 장소가 아닌 것을 포함하고 있는 것이다.

14. 더블 바인드

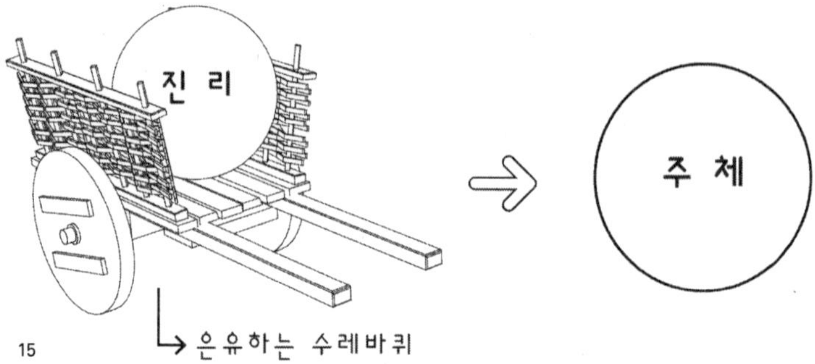

15

우리는 세상의 진리를 알고자 한다. 많은 글들과 비유가 있지만 결국 그 글을 통해 우리는 진리에 접근하고자 한다. 달을 의미하기 위해 달을 가리켰는데 달은 안보고 손가락만 바라보는 우를 범하는 것이 인간이다. 결국 글쓰기의 목적은 진리의 전달에 있기 때문에 항상 진리의 중요성이 그것을 전달하고자 하는 수단인 은유보다 더 큰 것은 당연할 것이다.
따라서 진리는 항상 은유보다 더 큰 비중을 차지한다고 표현할 수 있으며 그것은 기호로 표시하면 '진리>은유'가 된다. 진리는 은유보다 크다는 의미이며, 다시 말해 에둘러가기(지연)시키는 것이나 다름없다.

진리는 스스로를 드러내기 위해 은유를 필요로 한다. 은유를 설명할 때 진리는 지름길이고 신은 베일에 가려진 존재이며 장막 안에 존재한다고 했다. 또 은유는 수레이자 운반차량이어서 실어 나르고 나면 쓸모가 없어 버려진다. 진리는 Telos(목적)으로부터 벗어날 수 있으므로 검열을 해야만 한다. 따라서 은유는 길들여져야만 한다. 가능하면 은유가 배제되면 좋다. 이것이 서양 근대철학이 취한 입장이다. 서양철학에서 은유는 진리보다 폄하하는 경향이 있었다. 그러나 은유는 항상 두려워하는 경향이 있다고 데리다는 생

15. 은유의 수레바퀴와 개념

각한다. 길을 잃을 가능성이 있기 때문이다. 그래서 수사학은 은유를 길들이기 위해 존재한다. 그리고 미학은 미에 대한 개념을 길들이는 것이다. 진리의 역사는 은유적인 에두름(지연)을 제의하면 쉽게 항상 은유를 파괴해왔고 충만한 음성언어 밖(바깥)으로 내몰게 된다. 이 말은 해체의 사유 이전의 모든 글쓰기는 이미 대리보충의 세계에 빠져 있었으며 또한 기존 질서체계에 길들여져 있어서 이미 쓰인 그 순간 드러낼 수 없는 구조로 길들여져 있었음을 이야기하는 것이다.

-루소의 형이상학과 구조주의

데리다는 이성의 허구를 드러내기 위해 이성의 시대의 대표적인 상징적 인물인 루소를 연구하여 자신의 해체적 개념을 설명하기 위한 대상으로 삼았다. 루소의 시대는 이성의 시대였다. 앞서 3권에서 살펴본 바와 같이, 구조주의는 인류의 근본구조를 이성적으로 분석하는 것이다. 따라서 기존사유체계와 글쓰기를 해체 하고자 했던 데리다에게 이성의 시대와 구조주의는 비판의 대상이 되었을 것이다.

그는 루소의 시대(철학사)를 회집gathering시켜야 한다고 생각한다. 이성의 시대의 상징적 인물(밝은 면과 부작용)인 루소의 사상을 살펴보면 그 문제점과 보완점을 극명하게 알 수 있다고 데리다는 생각했다. 철학(형이상학) 내에 한 부분으로 루소가 존재하지만 전체를 전복할 수 있는 부분이 있을 때 전체 이상이 될 수 있다. 루소의 시대를 보완하여 살펴보기에 가장 적절한 인물은 레비 스트로스이다. 구조주의는 문자의 폭력을 의미하고 이것은 레비 스트로스의 연구를 통해서 드러난다. 그는 구조주의가 형이상학의 내용을 연장하는 것이라고 생각했다. 자연과 문화 사이에는 무언가가 있는데 사이를 사유한 것이 정신분석이라고 할 수 있으며 데리다에게 있어서 그 부분은 글쓰기로 대체될 수 있다. 레비 스트로스에게 문화는 '차이'이다. 가족은

'차이'이다. 다른 이야기로 하면 가족은 근친상간 금지라는 관계로 되어 있는 차이 그 자체이다. 이 지점에서 이성과는 다른 매우 무의식적인 부분이 드러난다. 글쓰기는 무의식을 온전히 드러내기 힘들다. 데리다에게 이성과 합리성의 시대의 상징적 인물인 '루소'를 읽는 것은 이성에 의해 사유되고 기술되어 온 철학사 전체를 읽는 것과 같다. 해체이론은 글쓰기 뿐만 아니라 '읽기'에 관련된 이론이다. 우리는 흔히 '행간을 읽는다'는 표현을 쓴다. 우리는 그것을 영어로 'read between the lines'라고 하는데 이것은 문자 그대로의 문장의 뜻만을 취하는 것이 아니라 그 글이 담고 있는 다른 차원의 정보 및 의미를 파악하는 것을 뜻한다. 그런 의미에서 데리다에게 '읽는다'는 것은 다른 차원으로 사이를 벌려 놓고 왕복하면서 새로운 의미를 만들어 내는 것이며 그런 측면에서 해체이론은 새로운 방법론이 아니라고 볼 수 있다. 그것은 새롭게 추가시키는 것이 아니라 기존의 전제조건을 응시하는 것으로 달리 생각할 수 있다.

이성중심의 로고스는 제국주의적 특성을 보인다. 이성의 폐해는 이미 양차 세계대전으로 판명이 났다. 재현의 주체가 인간이고 재현의 대상이 사물이 되는 관계에서는 항상 폭력적인 구석이 있게 마련이다. 재현의 문제에서 근대성modernity이 생겨나게 되었다고 데리다는 생각했다. 달리 말해 기존의 이성중심의 사유에서 만들어진 현대적 의미의 기술은 재현되는 것이다. 현상학에서 살펴본 바와 같이 Techne의 어원에 이것을 벗어날 수 있고 초월할 수 있는 가능성을 발견한다. 2권의 현상학 담론에서 등장했던 담론인 포에시스poesis는 시작詩作으로서 기술을 벗어날 수 있는 대안이다. 마찬가지로 온전하게 드러낼 수 있는 글쓰기는 공식과는 달리 인간의 무의식과 기타 드러나지 않는 것들을 온전하게 드러날 수 있게 만들어 준다. 이 지점이 바로 의식이 투사되면서 해체주의가 현상학과 접목되는 지점이다.

주체와 객체의 관계를 새롭게 바라보는 해체적 사유의 초월의 가능성은 이미 그 안에서 작용하고 있다. 이러한 내적 분열 혹은 내적 사유는 다시 모더니티 속에 이미 존재해 있다고 볼 수 있다. 주체와 객체 사이에서 드러나야 하는 것이 드러나지 않은 채로 억압되거나 가려지고 무시되고 배제된 역사 속에서 이성의 산물인 기술이 만들어낸 비극을 극복할 수 있는 것 자체가 이미 그 안(사이)에 존재했다는 것을 드러내야 했었다는 것이다. 매우 독특한 사고가 아닐 수 없다. 이렇게 되면 이제 자연스럽게 주체와 객체의 이분법적 사고를 벗어날 수 있는 방안이 생긴 것이다. 그러나 헤겔의 목적론적 사고를 벗어나기 위해 역사성을 끌어들이는 것 역시 그러한 오류를 또 다시 범하는 것으로 비판 받을 수 있다. 거듭 밀해 형이상학을 해체하기 위해 형이상학을 끌어들이는 것과 역사성을 끌어들이는 것 모두 해체주의의 한계이다.

그럼에도 불구하고 오늘날에도 여전히 해체주의 사유가 주목받고 있는 이유는 무엇일까? 그의 사유는 사회적으로 보면 다원화되고 다문화된 사회에서 주류에 편입되지 못 하지만 엄연히 존재하고 있고 그 숫자와 의미가 증폭되고 있는 주변부의 것들의 권리를 대변한다. 그것은 기존의 기득권과 화해하며 공존할 수 있는 방안을 논하고 있는 사유이기 때문이다. 이러한 특성 때문에 그의 사유는 필연적으로 기존의 것을 침범하고 상호 왕복하여 새로운 관계설정에 나서도록 하는 흐름의 기초의 역할로 작용한다. 이것은 앞서 살펴본 그의 인생행로 및 경력과 무관하지 않다.

데리다는 사이와 틈의 사례로 유럽에 이주한 많은 아프리카계 난민이나 망명자, 이주자들이 유럽이라는 낯선 땅에 존재하기는 하지만 시민의 신분을 획득하지 못한 채 어둠의 세계에서 살아가고 있는 것에 대해 주목했다. 그들은 시민권을 획득하여 신분이 전환된다고 하더라도 주류에 절대로 속할 수 없으며 무시되고 억압되고 주변화되는 것이 일반적이다. 식민지 상황(법률, 문학, 통신, 행정정책)에서 인도와 아프리카 사람들은 유럽에 지배를 받지만 유럽 본토와는 여러 가지 면에서 대립되는 상황에서 사이의 간극을 줄여 나가려는 투쟁 상태에 놓이게 되는 상황에 직면하게 되고 이 역시 해체의 담론과 관계가 있음을 어렵지 않게 간파할 수 있다. 유럽인이 아니면서 식민화되어 유럽의 정신과 제도와 문화에 의해 길들여져 살아가는 모습은 이도 저도 아닌 사이의 삶을 살아가고 있는 상황이다. 아프리카계 유럽인들(식민지인)은 유럽인에 대한 재현이 되었지만 완전할 수 없는 재현일 뿐이다. 때로는 식민화된 그리고 시민권이 박탈된 사람들의 감정, 생각, 의도, 욕구, 전통, 정치적 요구, 문화적 특이성에 대해 가능한 한 재현하는 것이 전략적일 수도 있다. 그 상황에서 살아남은 데리다가 이러한 부분에 관심을 가지고 사유하고 상당부분 행동을 위한 사유의 기초를 닦았다는 점은 자연스러운 일이다. 데리다의 사유와 같이 유령과 같이 살아가면서 주변부를 드러내고 주류와 화해시키고 공존할 수 있도록 하는 것은 '사이'와 '틈'을 사유하는 근본적 이유가 되고 있다.

그래마톨로지에서 보는 바와 같이 해체의 모호한 개념을 설명하기 위해서 데리다는 다양한 비유와 은유적인 내용을 도입한다. 그만큼 사이나 틈에 주목하여 억압되거나 망각되었던 것을 드러내는 방법론을 통해 기입되는 순간 대리보충의 악순환에 빠지는 것을 넘어서기 위한 사고를 추구한 것이었다. 건축은 건축적 요소를 조합하여 언어적으로 구축되기 때문에 구축한다는 것 자체가 언어적 질서에 포함된다고 볼 수 있다. 따라서 건축이 구축되기 이전의 사이나 틈이라는 것에 주목하여 새로운 구축방법론을 생각하는 것은 구축이라는 행위(글쓰기)가 존재하는 한 끊임 없이 새로운 구축방법론으로 망각되거나 드러내지 못했던 것을 드러내는 방법론을 만들어내는 사유로 유용할 것이다.

해체주의의 사유와
PART 2
건축적 적용방식

건축분야에서 해체주의와 관련되는 영역

5006 해체주의철학과 해체주의 건축의 경계

건축분야에서 처음 '해체주의'라는 용어가 발생한 것은 1988년 필립 존슨과 마크 위글리가 주최한 뉴욕 메트로폴리탄 미술관MOMA 전시에서 부터였다. 당시 MOMA는 7인의 건축가를 선정하여 '해체주의 건축전'을 개최했다. 당시 이들 가운데에는 렘 콜하스와 프랭크 게리 등의 건축가들이 포함되어 있었고 같이 전시하기는 했지만 이들은 전시가 시작되기 전부터 본인은 해체주의 건축가가 아니라고 이야기 하기까지 했다. 필립 존슨이 주도적으로 기획했던 이 이벤트는 당시 해체주의라는 제목으로 7인을 모두 포함시켰다기보다는 건축의 다른 영역과 혹은 새로운 가능성을 탐구했던 건축가들을 그러한 제목으로 묶어 전시했던 것으로 보는 것이 보다 정확할 것이다. 7인이 모두 해체건축의 이론적 특성을 표방하는 건축경향은 아니었다. 오늘날 렘 콜하스와 프랭크 게리가 직접적으로 해체주의 건축을 추구했던 건축가로 분류되지 않는 것은 당연하게 여겨질 것이다. 그것은 이면의 욕망을 사유하려고 했던 거시적 관점에서 후기구조주의적 작품특성을 보이는 건축가군을 전시한 것으로 이해해야 할 것이다.

온전하게 드러낼 수 없는 것을 드러낼 수 있게 만들기 위해서는 역설적으로 기존의 공고한 구조체계와 같은 무언가를 전제하는 것이며 그것이 필요하다. 이 지점에서 그의 사유는 건축분야와 연계된다. 해체라는 행위를 하는 것은 기존의 구조와 컨텍스트가 존재함을 전제하는 것임을 전술했다. 사실 해체주의 건축은 유럽과 같이 오랜 시간이 축적되어 있는 기억과 퇴적물이 쌓여 있는 곳에서 새로운 것이 침투해서 들어올 때 기존의 것과의 조화를 이루거나 화해를 이룰 수 있도록 만들어 줄 수 있는 방법론이라고 보아야 할 것이다. 기존의 구조가 이미 공고한 상태에서 새로운 구조가 들어올 수 있는 근거를 마련해 주는 담론에 가깝다. 그럼에도 불구하고 해체담론이 이러한 유구한 컨텍스트를 보유한 유럽보다는 비교적 짧은 역사의 미국에서 활발하게 전 세계로 전파된 것은 아이러니하다. 건축적으로 본다면 해체주의는 기존의 컨텍스트가 강한 곳에서 기존의 것을 표현하지 못했던 것을 드러내면서 문화의 화해를 할 수 있는 건축적 방법론이라고 보아야 할 것이다. 그럼에도 불구하고 해체주의 사유와 해체주의 건축이 세기말의 미국주도의 후기 식민주의적 건축적 문화전파의 도구로 사용된 면을 부인할 수 없으며 그것은 결국 해체주의 건축의 빠른 소멸로 귀결되었던 또 다른 이유가 되기도 했다.

건축 비평가 마크 위글리는 해체주의 건축을 무시간적인(시작도 없고 끝도 없는)건축, 비재현적(지시 대상이 없는) 건축, 인위적인(임의적이고 원인도 없는) 건축이며 탈 기능주의라고 정의했다. 사이의 철학이라고 불릴 정도로 주체와 객체의 이분법적 사유에서는 드러날 수 없었던 사이의 것을 드러나게 만드는 것이 목적인 만큼, 억압되어 있던 표현이 공간을 밖으로 끄집어내어 안정적으로 만드는 것이 중요하다.

물리적인 구조를 만들어 내는 건축분야에서는 해체주의 사유의 흐름과 연계하여 기존의 구축방법 및 건축어휘로는 제대로 표현하지 못했거나 억압되어 드러낼 수 없었던 것들을 표현할 수 있는 방법론을 고민하게 되었다. 해체주의를 추구했던 건축가들의 작품경향이 대체로 그러하며 그의 작품에서는 그런 목적을 실현시키기 위해 확정된 공간속에 폴리와 같은 점적, 선적 요소들을 부각시켜서 공간을 더욱 동적이고 자유롭게 표현시키는 특성을 보이게 된다.

전통적으로 서구역사상 글자언어보다 음성언어가 더 우월한 것으로 생각되어 왔다. 그 이유는 앞서 언급한 대로 문자 언어의 전달력의 한계가 있는 것이 가장 큰 이유이기 때문이다. 또 다른 중요한 이유는 음성언어가 문자언어보다 더 정확하게 오랜 시간동안 전해질 수 있기 때문이기도 하다. 우리는 흔히 문자 언어가 무언가의 스토리를 전달하고 오랫동안 전해지는데 훨씬 유용하다고 생각하기 쉽다. 언어는 말하는 즉시 없어지고 문자는 책이라는 기록물로 남겨지기 때문이다. 그러나 실제로 구전되는 어떤 설화나 신화, 이야기가 기록된 책이나 필사본보다 더 정확하다는 것이 정설이다. 그 이유는 기록하거나 필사되는 과정의 문자 언어는 오독 또는 기록 및 필사자의 의도나 실수가 종종 들어갈 가능성이 많기 때문이다. 따라서 필사본에는 항상 오류가 보이곤 한다. 100퍼센트 정확한 필사는 찾아보기가 쉽지 않다. 이 이야기는 그만큼 문자언어에는 태생적 한계가 존재하기 때문에 다른 방식(해체주의적)의 글쓰기가 필요하다는 주장이 힘을 얻게 되는 것이다.
글쓰기는 음성언어로부터 파생된 2차적인 것으로 간주된다. 우리의 생각을 직접적으로 표현하는 것은 우선 말하기가 더 손쉽고 정확할 수 있다. 이후 필요에 의해 글쓰기를 하게 되므로 글쓰기는 통상적으로 우리의 생각을 2차적으로 표현하는 수단이 되는 경향이 강하다. 때문에 서구의 형이상학에는 암묵적으로 음성언어가 우위이고 글쓰기가 하위라는 계층관계가 형성되어 있었다. 실제로 우리는 무언가를 적는 것이 구전되는 것보다 더 정확할 것이라고 오해하곤 한다. 그러나 오랜 역사에서 구전口傳되는 것이 오히려 필사본보다 정확하다는 것이 일반적인 견해이다. 따라서 해체작업이 시도한 것은 이러한 계층관계를 강요해왔던 형이상학의 부조리한 욕망을 폭로하고 그 한계를 계속 지적하면서 폐기(해체)하는 것이다.

앞서 우리는 해체 사유의 새로운 글쓰기의 가능성에 대해서 살펴보았다. 기존의 글쓰기의 방식은 이미 쓰여진 순간 무언가 대리보충의 세계로 빠지게 되는 악순환을 계속하게 된다. 그것은 기존의 방식으로는 이미 구축되는 순간 건축어휘상에서 대리보충의 부족한 면이 발생하기 때문에 그것을 초월하고 보충 수 있도록 기존의 일반적인 구축 방식이 아닌, 새로운 구축방식이 되어야 한다. 그것은 미래완료적 구축방식이어야 할 것이다. 따라서 해체건축을 표방하는 건축가들은 구축방식과 표현방식에 있어서 기존의 방식으로는 드러낼 수 없는 것을 드러내기(표현) 위해 노력했다.
이러한 부분들을 건축적으로 적용해보면 어떤 방식이 될까? 건축도 일종의 표현이자 어휘이므로 글쓰기에 해당되는 부분을 생각하면 기존의 글쓰기 방식, 다시 말해 기존의 건축구축 및 표현방식으로는 드러낼 수 없는 부분을 드러내는 방식이 무엇일까에 주목하게 된다. 건축 역시 구축(표현)하기 위해 도면의 선을 긋는 행위나 모델을 만드는 행위가 발생하는 분야이므로 '글쓰기'라는 행위에서 자유로울 수 없다. 해체건축을 주도했던 건축가들은 기존방식으로는 드러낼 수 없는 새로운 표현 및 구축방식이 무엇일까에 대해서 고민하고 연구하여 표현하는데 집중했다.

이런 문제의식에서 나온 해체주의 건축의 형태적 특징은 정리된 기존의 개념으로 구성된 형태나 구조가 해체되어 분열, 진위, 일탈, 비틀림 등을 거쳐 다시 새로운 형태로 재조합시켜 표현되는 경향을 보이고 있다. 따라서 일반적으로 해체주의 건축은 겉으로 보기에는 다소 혼란스럽고 파괴적이며 미완성처럼 보이는 특성을 보인다. 또한 해체건축은 외부와 내부가 연계되어 어디까지가 외부이고 어디까지가 내부인지에 관한 명확한 선이 없는 표현 경향을 보인다. 세부적 표현 특성으로는 파편화, 다양한 축의 사용, 중력성의 거부 혹은 무시, 다양한 동선체계, 기존의 기능 및 개념의 의도적 거부, 변형을 가하는 건축경향으로 나타나게 되었다.

그러나 일견 철학적 지식이나 해체주의 사유에 대한 이해가 없는 일반인들이 이러한 건축적 양상을 접하게 되면 마치 유희를 즐기거나 표현에 있어서 조크joke와 같은 정도로 받아들일 가능성이 있다. 건축가가 지나친 표현을 했다는 반응이 나오기 쉽다. 그러나 당시 건축가들은 해체철학에 바탕을 두고 당시의 여건에서 새로운 표현의 가능성을 심각하게 고민하며 표현한 것이었다. 1권에서 살펴본 매너리즘 건축의 경우(1권 p78)에도 우스꽝스러운 건축적 유희를 즐기는 것 같이 보일 수 있지만, 당시의 건축적 기술과 표현방식의 한계내에서 치열하게 고민하며 구축한 것이었다.
뉴욕 현대미술관MoMA에서 전시했던 해체건축을 표방한 대표적 건축가들의 특성을 간략히 정리하면 다음과 같다.

-피터 아이젠만: 기존형이상학적 관념의 건축체계 부정, 형태와 공간의 실험, 다이어그램의 중간자적 위치 실험

-버나드 츄미: 틈(사이)공간중시, 이벤트 공간 중시, 프로그램과 동선의 중첩(새로 글쓰기)

-다니엘 리베스킨트: 파편화된 역사적 기억의 구축, 틈(사이)공간의 매스화

-쿱 힘멜브라우: 기존건축물과의 기생적 건물, 역동적 사선 구축

등이다.

그러나 위의 논의에서 프랭크 게리와 렘 콜하스는 처음 건축전이 열릴 때부터 자신은 해체주의 건축가가 아니라고 표방했을 만큼 해체주의적 사고에 집착한 양상을 보이는 것은 아니었다. 확실히 그들의 건축은 해체주의 건축가들이 사용하는 건축어휘와 감성을 어느정도 가지고 있다고 볼 수는 있지만, 사고의 시작부터 그러한 과정이 해체주의 철학에 근거한 것은 아니다. 작가적 성향에 있어서 일부 해체적 요소가 존재하기도 하지만 작품의 근본적인 접근자세에 있어서 다른 면모를 보이고 있기 때문이다.

5007 해체주의 건축어휘의 특징

16

17

18

일반적으로 90년대를 뜨겁게 달구었던 해체주의 건축경향의 건축어휘들은 파격적인 표현들이 대부분이었다. 일반적으로 해체주의 건축의 어휘를 떠올리면 다음과 같은 키워드들의 특성이 나타난다.

기능의 해체(기능과 무관한 형태), 목적론의 해체, 장르 해체, 스케일, 위계질서 해체, 추상적 은유적 표현, 이미지의 단편화, 팔림세스트(양피지), 치환, 매스의 관통 및 삽입, 선과 축의 중첩, 사선의 형태(뒤틀림) 및 기둥, 분절, 분리, 반복, 경사, 중력의 거부, 회전, 변형, 비대칭성(무질서), 불규칙성, 불완전성, 불확정성, 복제, 전사, 전환, 정방형 파괴, 절단, 알레고리, 흔적, 수사학적 건축, 탈중심성, 분해, 발굴, 상호텍스트성 등이다.

-그리드 체계의 중첩 및 변형

해체건축에서는 매스 및 기둥과 요소들의 상호 침투, 레이어(슬라브 및 외피)의 중첩, 표현의 다층적 의미가 혼재되어 있는데 이것은 단순한 구조에서 변형시키거나 덧붙여지는 요소들이 추가되면서 원형과 다른 형태, 미로서 창출되거나 의미가 혼합되어 재구성 된다. 보통 해체건축은 지역의 컨텍스트의 주요 지점에서 뽑아내는 시간적 그리드의 선적 요소들을 중첩시키고 지역성을 현대적으로 변화시켜 추상적으로 은유, 역사 회상, 기억의 계속적인 발생방법을 이용한다.

16. 다니엘 리베스킨트의 작품
17. 쿱 힘멜브라우의 작품
18. 버나드 츄미의 작품

-기존 컨텍스트 분석과 재해석

기존의 구조와 화해하고 안정화를 위한 드러냄을 가능하게 하기 위해서는 기존의 구조가 전제되어야 하기 때문에 건축분야에서는 기존의 컨텍스트 혹은 기존의 건축구축방식으로 생각해볼 수 있다. 해체주의 건축은 기존의 분석방식에서 벗어나 주체와 객체의 이분법적 사고에서는 드러내기 힘들었던 것을 드러낼 수 있게 하기 위해서 기존 컨텍스트에 대한 해석을 중요시한다. 자연스럽게 건축표현은 기존 컨텍스트에서 다양한 해석 가능성을 확보하여 획일적인 의미의 강요나 무미건조한 형태 논리로부터 탈피하여 자체의 이론을 재구성하는 방법을 사용한다. 따라서 이 방법론은 기존 컨텍스트를 면밀하게 분석하고 과거와 연관되어 존재하며 그러한 선험적인 요소들이 창작에 사용될 때 새로운 것을 드러낼 수 있는 다양한 가능성이 비로소 나타나게 될 수 있을 것이다.

-기존 기능 및 프로그램의 해체와 재구성

해체주의 건축 경향은 사고 및 재사고를 통해 건축이론과 실제의 목적론적 관계를 해체하는 작업으로 기존 건축의 기능적 사고를 해체한다. 기능의 해체는 형태의 유희로 나타난다. 하나의 공통된 모습을 갖게 만들려고 하지 않으며 이것은 해체주의 건축이 양식 사이의 무관계성 내지는 양식이라는 개념을 거부하는 이론적 근거가 되고 있다.

구성주의가 기존 아카데미의 디자인 논리와 장식에 대한 파괴를 통한 새로운 구축을 시도했듯이 해체주의 건축도 기존의 개념과 디자인 원리에 대한 해체를 시도한다는 의미에서 공통점을 보이고 있다. 그러나 단순히 조형적인 의미에서의 개념만을 해체한다면 그것은 단순한 해체와 파괴적 욕망의 실현에 그치고 말 것이다. 오늘날 해체건축경향이 사망선고를 받은 이유는 그러한 면에 집중을 한 이유일 것이다.

해체주의가 건축에 대해 취하는 기본적 태도는 사회적 책임이나 역할보다는 어느 정도 독자적인 건축 자체의 내용과 형식이 전문 철학적인 냄새를 짙게 풍기는 이론의 기초 위에서 기존의 건축언어로는 드러낼 수 없는 것을 드러내는데 주요한 목적의식이 있었다. 따라서 구조주의자들이나 모더니스트들의 건축은 모두 대중이 주체가 아니라 엘리트가 주도하는 건축이라는 단점이 있다.

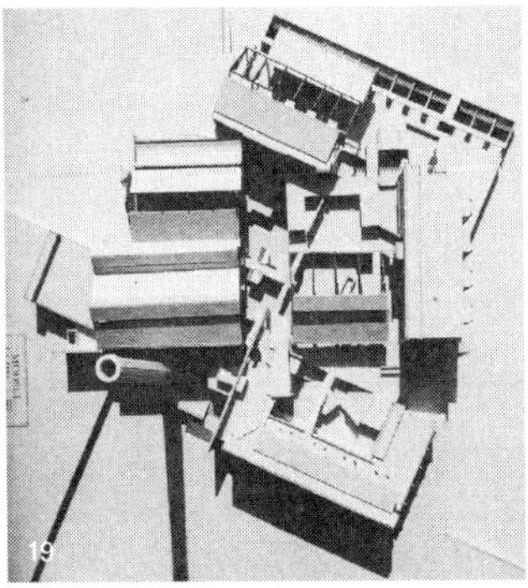

19

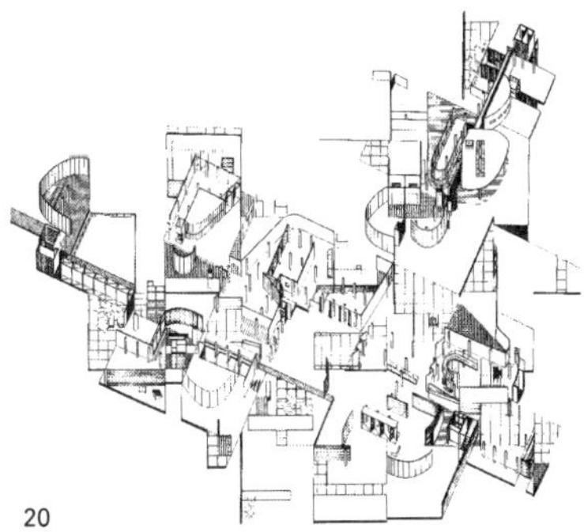

20

전통적으로 꼴라쥬나 덧쓰기 방식은 콜린 로우Colin Rowe 및 쾨터Fred Koetter 4) 등의 포스트모던 건축가들로부터 애용된 방법론인데 해체주의에 있어서도 흔적과 관련된 부분에서 과거의 기억을 재조직하는 방법론으로 유용하게 쓰였다. 해체주의 담론에서는 팔림프세스트(양피지)의 키워드를 이용하여 이러한 개념이 자주 언급되었다. 해체주의 건축가들에게 흔적은 과거의 물리적인 장소뿐만 아니라 현재의 도시구조를 재조직하는 방식으로 주민들과 소통할 수 있다고 생각했다.

그러나 이 방법론들은 대부분 시각적인 것에 국한된 것이 많았고 시각적인 형태 표현에만 집중한 결과 해체주의 건축경향은 계속된 생산적 담론으로 남지 못하고 사멸되는 결과를 가져왔다.

19. ETH 회슬리 교수 지도하에 수행된 디플로마 프로젝트 1979-80 저자: M. 야르좀벡
20. 쿠퍼 유니온 학생작품, Education of an Architect, Exhibition catalogue, The Cooper Union School of Architecture, New York, 1971

4) 콜린 로우의 중첩을 통한 투명성의 실험은 의미와 방법론에 있어서 해체주의 시기의 건축적 방법론을 예견하는 것으로 기존의 컨텍스트에 다시 글쓰기를 통해 많은 것들이 투명성 속에 드러나는 방법론을 사용하고 있다.

앞서 살펴본 바와 같이 해체주의는 서구 철학사에서 생각하지 못했거나 의도적으로 무시해 왔던 사이 및 틈의 가능성을 사유했다. 이 사유는 주체와 객체의 사이 즉, 틈을 본격적으로 탐구한 사유이기 때문에 해체주의가 활발히 담론화 되던 시기에 건축분야에서는 '사이'와 '틈'이라는 공간적 특성을 이용한 실험이 자주 등장했다.

해체주의 디자인이 한참 유행하던 시기에는 건축가의 작품이나 각종 공모전에서 기존 건물의 틈을 이용한 건축적 가능성을 실험한 작품들이 많았다. 예를 들어 나란히 서있는 기능위주의 전형적인 사무소인 두 건물 사이의 틈새에 마치 기생하는 에일리언처럼 다양하고 기괴한 매스들과 동선을 삽입시키면서 변형시키는 경우와 건물의 측면에 몇몇의 가벽을 세우고 공간적 매스들이 기생하듯 사이공간에 붙어 기존의 건물의 양상을 변화시키는 경우이다. 이런 계획안의 경우, 기존 모던풍의 말끔한 두 동의 건물들의 사이공간에서 기생하는 듯한 공간들과 복잡한 연결동선을 통해 하나로 통합되면서 전체적으로 기묘한 건물의 느낌을 만들어내는 경우이다. 또한 각종 동선이 한 지구의 건물을 감싸게 하고 곳곳에 새로운 공간을 삽입시키면서 새로운 공간적 가능성을 탐구하는 작품이 있는가 하면 모던풍의 업무시설이나 주거에서 암세포처럼 한 쪽 부분이 유동형의 새로운 공간으로 삽입되거나 자라나온 듯한 느낌 또는 지형 내부에 거대한 동굴과 같이 거대한 틈(사이)에 다양한 구축방식으로 표현한 작품들이 해체주의 시기에 활발하게 실험되었다.
이것은 기존의 이성적 체계로 표현한 국제주의 양식풍의 건물에서 변형되어 매우 기묘한 형태와 사이 공간의 가능성을 보여주고 있다. 철학적으로는 주체와 객체의 이성적 위치가 명확한 사유체계에서의 한계를 벗어날 수 있는 사고를 실험한 것이다. 해체주의건축의 주요 전략중 하나는 기존의 언어구조로는 드러낼 수 없는 것(사이의 공간)을 사유하여 드러내게 하는 것이

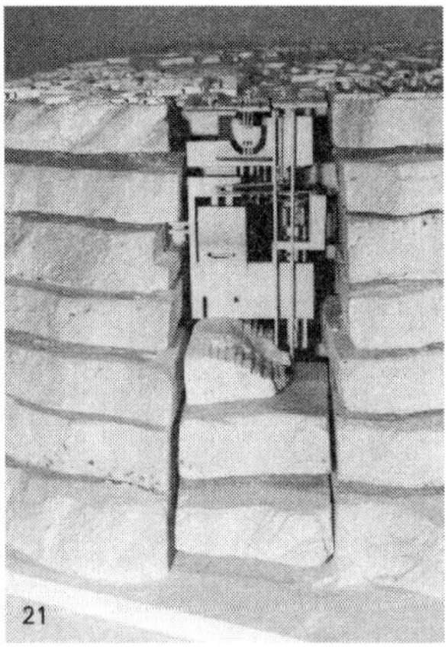

므로 사이공간에서의 변형과 다른 성격의 공간들이 충돌하듯이 붙여지는 이접離接을 통해 새로운 공간 및 표현을 탐구하는 과정에서 나타날 수 있는 잠재성을 드러내는 방식을 실험했다. 이 과정은 건축가 자신이 구축을 하는 순간 대리보충의 악순환을 벗어나게 하기 위한 방식으로 틈과 사이공간에 새로운 구축방식을 실험하는 방법을 통해 드러나지 않는 부분을 드러나세 하는 섯이었다.

그러나 이 방법론의 단점은 무언가 표현이 개념을 구현하는데 있어서 너무나 직접적이라는 점에 있다. 건축이나 예술에서 무언가 작품의 수준을 평가할 때 너무 직접적이지 않고 얼마나 세련되게 개념을 은유적으로 표현하느냐에 따라 작품 수준을 더 높게 평가할 수 있는 여지가 있다. 해체주의 철학에서 '사이'와 '틈'이라는 키워드들을 사유했다고 해서 그것을 바로 사이와 틈의 건축적 방식으로 표현하는 것은 너무 직접적이고 즉물적인 느낌이 강하다. 그것을 곱씹어서 한 차원 깊은 방식으로 새로운 무언가에 적용할 수 있는 수준이 될 때 한 단계 더 성장한 해석과 표현을 만들 수 있는 바람직한 방법론이 될 것이다. 너무 직접적인 표현과 방법론은 파열화와 파편화의 몸짓으로만 보여온 건축경향을 만들어낸 단점이 되었으며 그것이 결국 해체주의 건축의 빠른 종말로 이끌게 된 원인이 되었다고 생각된다.

건축분야에서 해체주의와 관련된 틈 및 사이와 관련된 사유는 불가피하게 심리와 인간 내면의 욕망과 관련된 요소들과 관련되어 있어서 인간의 파토스적pathos, 디오니소스적인 감정과 관련된 요소들과 친밀할 가능성이 높다.

21. 지형 내부(하부)에 거대한 사이공간에서 표현하는 구축방식, Cooper Union 학생작품

그래서 감성과 움직이면서 느끼는 부분과 관련하여 2권에서 살펴보았던 퐁티의 몸의 철학과도 밀접한 관련성을 맺게 마련이다. 의식이 투사되어 보는 사람의 머릿속에서 의미화되고 그것이 교차하면서 새로운 의미를 생산하는 것, 바로 이 지점에서 현상학과의 접목지점 및 공통분모를 가지게 된다. 수용미학적 자세 역시 글쓰기와 텍스트를 다루는 해체주의 담론에서 중요한 키워드로 작용한다.

22

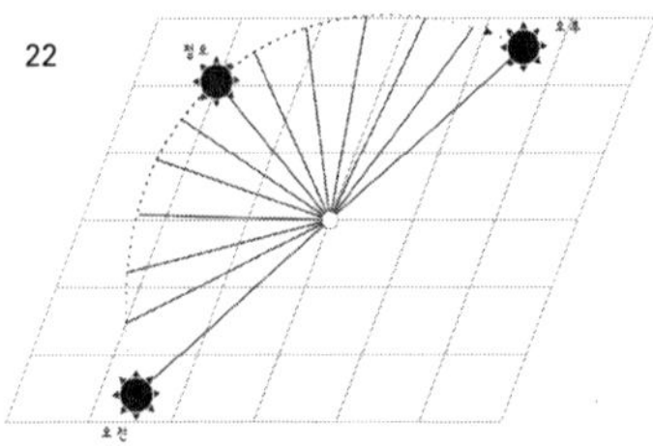

기존의 이성적 체계로 구축된 언어체계와 구성체계는 건축에서는 국제주의양식의 그리드체계와 조닝이 확실한 구축방식이었다. 이성적인 언어체계는 대단히 아폴론적이다. 태양신인 아폴론의 특성은 항상 정확한 시간에 동쪽에서 떠서 정확한 궤도를 이동하여 서쪽으로 지는 특성을 가지고 있음을 1권(p47 참조)에서 언급한 바 있다. 반대로 디오니소스는 술의 신으로 매우 감정적이고 파토스적이다. 이성의 폐해를 비판하고 극복하고자 하는 해체주의는 기존의 이성체계의 표현방식이 할 수 없었던 방식을 드러내는 것이다. 그렇게 하기 위해서는 철저하게 이성을 중심으로 표현했던 것에 드러낼 수 없었던 인간적인 감성적 표현, 심리적 표현요소, 구조의 변위 및 변종적 사고가 포함될 가능성이 높을 것이다. 해체주의 사유는 사이를 사유하는 것이 주된 것이어서 태생적으로 외적으로 드러나는 구조적인 이성적 부분의 것보다는 구조 하부나 사이에 흐르는 욕망을 드러내고자 하는 것에 더 중점을 두고 있으므로 디오니소스적이라고 보아야 할 것이다.

22. 논리적, 이성적 사고의 상징인 태양의 궤도(아폴론적 상징)

해체주의 담론의 관련작품

5008 레베우스 우즈의 담론

해체주의 건축에 지대한 영향을 끼쳤던 건축가 중 한 사람인 레베우스 우즈Lebbeus Woods는 실험적 이론적 페이퍼 아키텍트의 선두주자라 할 만하다. '페이퍼 아키텍트'란 그림으로만 작업을 하기 때문에 직접적으로 지어지지는 않지만 영감이 충만한 시각적 작업을 통해서 많은 건축가들에게 오히려 지어지는 작품보다 더욱 더 많은 영향력을 주는 건축가(작가)를 말한다. 그는 쿠퍼 유니온Cooper Union에서 건축을 담당했던 교육자이기도 했다. 스티븐 홀과도 공동작업을 했던 그는 경력 초기에 표현주의적 건축을 추구했던 에로 사리넨Eero Saarinen과 작업했고 1970년대 이후 사회의 정치적 힘으로서의 건축의 역할과 관련하여 이론적 입장에 근거하여 실험을 해왔다. 이 건축가의 작업은 한창 해체주의 건축이 유행하던 당시 건축가와 건축학도들에게 많은 영감을 주었다.

레베우스 우즈는 건물과 도시와 세상을 다른 방식으로 바라보고 다시 그려서 새롭게 의미를 드러내는데 능한 실험주의 건축을 제시해왔다는 것으로 유명하다. 그는 '아방가르드 중의 아방가르드' 건축가라는 평가를 받고 있다. 그는 건축물 사회를 바꿀 수 있다는 신념을 가지고 기존 건축에서 할 수 없었던 정치적 영역까지도 영향력을 끼칠 수 있는 방법을 연구해왔다.
그는 도시건축의 한계를 디스토피아적으로 묘사해왔다. 그의 작품은 건축

23. 레베우스 우즈 초상

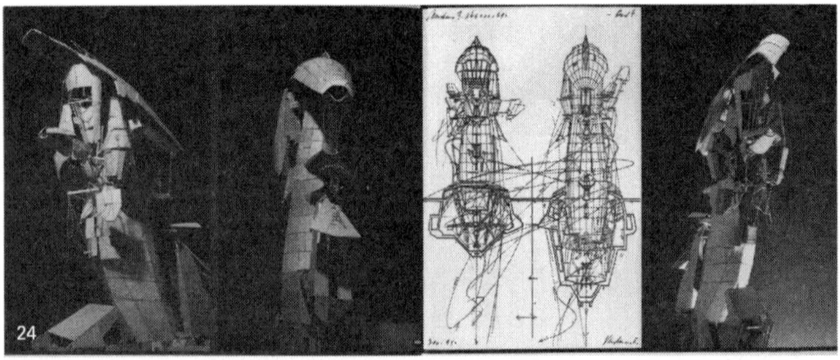

24. 사이공간의 다차원적 교차
25. 건물사이의 에일리언과 같은 기생양상
26. 레베우스 우즈의 디자인과 12 몽키스의 미장센

분야 뿐만 아니라 영화와 무대세트에 지대한 영향을 미쳐왔다. 그의 작품 경향은 디스토피아적인 내부공간 및 사이공간의 암울한 느낌의 표현을 자주 사용한다. 한 사례로 'Neomechanical Tower(Upper) Chamber'라는 방의 디자인은 테리 길리암의 영화 '12 몽키스'의 미장센에 그대로 실물로 시각화되어 등장하기도 한다.

이러한 사유체계와 표현체계에 대해서 잘 이해할 수 있도록 우리는 이 시점에서 레베우스 우즈가 교수로 있고 다니엘 리베스킨트가 수학했던 쿠퍼 유니온에서의 저학년의 교육과정 중의 일부를 살펴볼 필요가 있다.

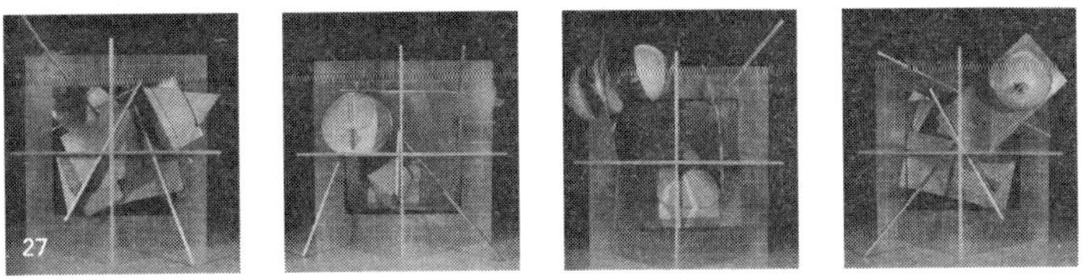

1학년 학부과정의 작업과제 중 한 학생작품을 참조해보도록 하자. 이 과제는 가로 세로 높이 12m의 가상의 박스 안에 점, 선, 면, 입체 도형을 사용하여 공간적 가능성을 최대한 살릴 수 있는 조형적 공간을 만드는 것이다. 일단 X, Y, Z 축의 유클리드 기하학적이고 데카르트적인 이성적, 논리적 수평 및 수직체계의 선적 요소와 그리드 체계의 면의 체계가 기본적으로 설정되어 있음을 확인할 수 있다. 논리적 구성체계의 신조형주의식의 조형방법론은 다양한 공간구성을 실험할 수 있으나 그것은 이성적이고 논리적이어서 구성과 공간감은 예측가능하며predictable 예측한 대로 실제 구축되었을 시 그대로의 느낌을 받게 된다. 그러나 이와는 달리, 쿠퍼 유니온에서 수행되었던 방법론은 유클리드 기하학의 방법론을 뛰어넘는 다양한 각도와 솔리드 물체들이 조합을 이루면서 기존에는 느낄 수 없었던 역동성과 우연의 공간이 만들어짐을 발견할 수 있다. 모델을 만들면서 자신이 의도하지 않았던 공간을 경험할 수 있게 됨을 확인하며 놀라게 될 수 있는 여지가 충분하다. 그것은 이전의 방법론과는 무언가 다른 것임을 인정할 수 있게 된다.

27. 쿠퍼 유니온의 신입생 과제

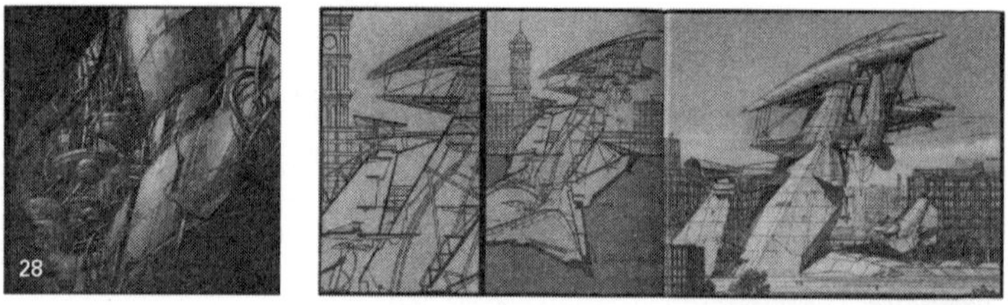

28. 레베우스 우즈의 드로잉
29. 레베우스 우즈의 드로잉과 모형
30. 사이공간의 다차원적 교차

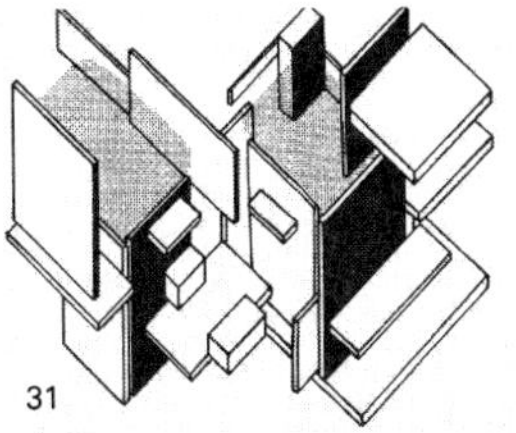

이 과제를 수행하는 학생이나 건축가는 자신이 의도했던 예상되는 표현이 있는가 하면 한편으로는 다양한 오브제들 사이의 틈을 통해 자신이 의도하지 않았던 기묘한 느낌의 공간을 발견하게 된다. 이런 방법론으로 만들어진 작품은 무언가를 표현하고자 의도하여 쓰거나 그리거나 만드는 순간 대리보충의 세계에 빠져 드는 가운데 드러나지 않는 표현(공간 및 비쥬얼)을 드러나게 할 수 있음을 경험하게 된다. 만드는 사람은 내가 생각지도 못했던 사이공간 및 표현 요소들 간의 긴장관계를 경험하면서 의도적인 유클리드 직교 좌표체계에서 경험하지 못하는 표현을 경험할 수 있다. 이 과제에서는 물론, 이러한 솔리드적인 것과 선, 면적 요소의 재질에 있어서도 다양한 실험을 할 수 있게 되어 있다. 다양한 축과 매스들의 틈새 사이에서 보여지는 다차원의 느낌들, 우연성을 만들어내는 방법론이 될 수 있는 것이다. 그래서, 리베스킨트는 이러한 우연성과 새로운 글쓰기 즉, 새로운 건축적 구축방식에 대한 실험을 계속했다. 이러한 방식은 해체시기와 현대에 있어서 여전히 유효한 방식의 하나로 계속적으로 교육에 사용되고 있다.

31. 반 되스 부르그의 데카르트 체계의 구성방식
32. 해체방법론을 이용한 구성방법 과제와 드로잉
33. 도시건물사이의 틈과 관련된 과제와 드로잉

실제로 80-90년대 초 쿠퍼 유니온에서 교육되었던 작업에서는 앞서 언급한 기생하는 듯한 건물들의 건축교육이 한학기의 한 과제 프로젝트로 설정되어 표현되는 경우가 많았다. 기존 주거나 기존 사무소 건물에 기생하듯 붙어 있는 장면과 기존건물에서 파생되어 암덩어리가 자라나서 오히려 전체를 침범하여 잡아먹는 듯 한 느낌의 작품들은 모두가 해체주의적 사유에서 영향을 받아 새롭게 표현한 건축 교수법이며 기존에 드러낼 수 없었던 것을 드러내는 방법론을 사용하는 것이 하나의 경향으로 남아 있고 각종 건축 관련 학생 건축전에서 자주 등장하는 주제이다.

34

이성적이고 합리적인 사유방식으로는 드러나지 않는 부분, 언어적 체계로는 드러나지 않는 것을 드러내게 해서 안정화시키는 것에는 반드시 인간 내면의 감정적인 부분, 심리적인 부분이 많이 포함될 수밖에 없다. 해체주의 시기에 한편으로 현상학과 관련된 지각의 현상학(몸철학)에 대한 논의가 많이 이루어졌던 근본적 원인중 하나는 인간의 신체를 매개로 하여 움직이면서 취하게 되는 경험을 통해 무의식적 요소들을 이끌어내고 통합시킬 수 있는 방안을 사유했기 때문이다. 이 시기에 이러한 표현을 가능하게 하는 건축적 이벤트 장치들과 건축구축적 방법론에 대한 담론이 활발하게 논의되

34. 건물 내부에 기생하는 듯한 디자인

었다. 아이젠만 건축의 경우, 언어적인 것(수사적인 것)에 집중하여 기존의 구축체계를 벗어날 수 있는 방안에 대해서 계속해서 실험을 수행했기 때문에 다이어그램을 기본으로 하여 작업을 수행했다. 그러다 보니 모든 결과물들은 전적으로 시각적인 변형에 지나지 않았다. 해체주의 건축이 빠르게 소멸하는 길을 걸었던 근본적인 이유 중 하나는 바로 시각적인 것에 너무 치우친 언어적 실험에 집착했던 것이 큰 이유중 하나이다.

5009 로버트 슬러츠키의 해체주의적 작품성향

해체사유를 적용한 건축교수법과 관련하여 살펴볼 또 한명의 중요한 인물로 로버트 슬러츠키Robert Slutsky가 있다. 그는 이 시기에 쿠퍼 유니온에서 해체적 사유의 연장선상에서 학생들에게 건축회화와 건축 이론을 가르쳤다. 오늘날 모던 건축을 이해하기 위해서 모던 회화에 대한 이해가 선행되어야 하는 것이 자연스러운 것과 마찬가지로 건축뿐만 아니라 해체적 담론을 선구적으로 실험했던 로버트 슬러츠키의 작업을 살펴보면 해체적 사유의 핵심에 도달하는데 많은 도움이 된다.[5]

슬러츠키의 경우, 러시아 아방가르드나 신조형주의 등의 모더니즘의 회화 및 조형활동의 세대보다 이후 세대이며, 2000년대 초까지 꾸준하게 회화활동을 계속했다는 점, 건축학과 학생을 가르치면서 건축적 회화를 추구해왔다는 점, 그리고 작품 변화과정과 스펙트럼이 현대건축의 흐름과 쟁점을 같이 논의해온 점을 고려했을 때 중요한 인물이다. 그의 회화는 단순한 회화작품의 수준을 뛰어넘어 건축적 영향력과 응용 가능성을 넓혀 주었음을 고려한다면 피라네지 및 레베우스 우즈와 같은 페이퍼 아키텍트 정도의 중요성이 있다. 슬러츠키(1929-2005)는 화가이자 쿠퍼 유니온 및 유펜에서 건축과 학생들에게 건축과 관련된 회화적 교육을 이끌어왔던 교육자이다. 그는 1929년 브룩클린 태생으로 1951년 쿠퍼 유니온에서 수료한 이후 1952년에

35. 로버트 슬러츠키의 초상

5) 로버트 슬러츠키에 관한 내용(5009)은 대한건축학회 논문 2편을 요약 및 정리한 것임. 임기택, 로버트 슬러츠키 회화의 공간적 상호텍스트성 연구, 대한건축학회논문집 계획계 : v.29 n.10(2013-10)와 임기택, 로버트 슬러츠키 회화의 건축적 공간구성 변화과정에 관한 연구, 대한건축학회논문집 계획계 : v.26 n.04(2010-04) 참조바람.

예일에서 예술학사학위를 받았고 2년 후에 같은 학교에서 제작석사 학위를 취득했다. 슬러츠키는 예일에 입학 후 요셉 알버스[6]와 버고인 딜러[7]로부터 가르침을 받았다. 그는 1940년대 학생시절에 2차 세계대전의 박해를 피해 미국으로 건너온 30년대 유럽 모더니즘의 사회주의 비평적 화가들에게 깊은 영향을 받으며 새로운 문화를 만들어 나갔던 당시의 미국 예술계를 직접 경험했고 추상 표현주의의 뉴욕 학풍을 경험했다. 그의 스승들은 각각 바우하우스에서 활동하거나 몬드리안의 조형주의에 깊은 영향을 받은 예술가들이었다. 이들로부터 슬러츠키는 색의 반응과 기하학적 추상에 대해 엄격한 수업을 받았고 그의 회화 경향 역시 그런 방향으로 진행되었다. 그는 모더니스트 회화의 유산을 유지하고 변주하여 풍부하게 만들면서 새로운 영역을 개척하기 시작했다. 이후, 슬러츠키는 텍사스 대학에서 교직을 시작하면서 두 명의 건축이론가이자 건축가인 동료(존 헤이덕과 콜린 로우)와 상호 영향을 주고 받게 되었다. 그는 또한 리차드 마이어, 그리고 피터 아이젠만 등의 건축가들과 작업하기도 했다. 이후 그는 1950년대에 콜린 로우와 함께 "투명성"이라는 책을 쓰면서 건축공간의 이론을 탐구했다. 이 책은 건축과 현대예술의 관계에 대한 저서로 전 세계 건축학도들에게 지대한 영향을 끼쳤다. 그의 회화는 엄격한 기하학적 추상의 연장선상에서 발전되어 나갔으며 작업방식은 일종의 서정적인 재즈풍의 변조기법으로 요약할 수 있다. 그는 항상 위치와 비율, 무게감, 강도, 색, 미묘한 감정을 이끌어내는 표현을 한다. 그의 작품에 나오는 모든 요소들은 색채의 무게와 강도에 맞추어 비율과 위치와 관련이 있기 때문에 관찰자는 미묘한 감정의 변화를 경험할 수 있다. 그는 교육자로서 형태구성력과 색채의 개념, 공간개념에 있어서 좋은 교육자였다. 그는 자신의 역사적 위치를 인식하고 회화 및 건축적으로 시대의 흐름에서 발전하면서 일관된 창조성을 발휘했다.

콜린 로우와 슬러츠키는 "투명성Transparency"이라는 저서로 건축적 재료의 물

6) 요셉 알버스(1888-1976) : 네덜란드 태생. 클리와 칸딘스키와 동문. 바우하우스 멤버 및 교수. 기하학예술의 선두주자. Homage to the Square가 대표연작이다.

7) 버고인 딜러(1906-1965) : 피트 몬드리안에 강한 영향을 받은 미국추상화가. 정직한 기하학적 형태 사용. 구축주의자로 불리기도 했다.

성과 공간적인 요소를 바라보는 측면에 많은 영향을 끼쳤다. "투명성"에서 나타내고 있는 투명성의 의미는 일반적인 의미의 투명, 반투명, 불투명 등에 의해 만들어지는 효과를 의미하기보다는 건축공간어휘로서 공간의 깊이를 만드는 방식에 대해서 이야기하는 것이다.

슬러츠키는 이러한 요소들을 설명하면서 브라크, 피카소의 회화에서부터 시작하여, 들루니, 모홀리나기의 회화의 요소들이 평면화되어 입체적 해석의 여지를 가지고 있는 상황을 분석한 이후 레제 회화의 다양한 레이어가 평면적으로 중첩되면서 만들어지는 기하학적 추상요소에 대해 분석했다. 이후 그들은 레세의 회화와 르 꼬르뷔지에의 빌라 가르쉐를 예를 들어 심도 있게 분석하고 있다. 페르낭 레제의 회화를 분해하듯 레이어별로 분석하는 것과 빌라 가르쉐의 공간구성을 외피에서부터 내부공간에 이르는 각 레이어들을 분석함으로써 공간적 깊이가 성취된다.[8] 이때 투명 요소들은 내·외부를 연결하고 2차원적 요소와 3차원적 요소들을 매개하면서 풍부하게 해주는 역할을 한다고 분석하고 있다. 이것은 구축된 풍경에서 시각적으로 접속하는 요소들을 마련하게 된다.

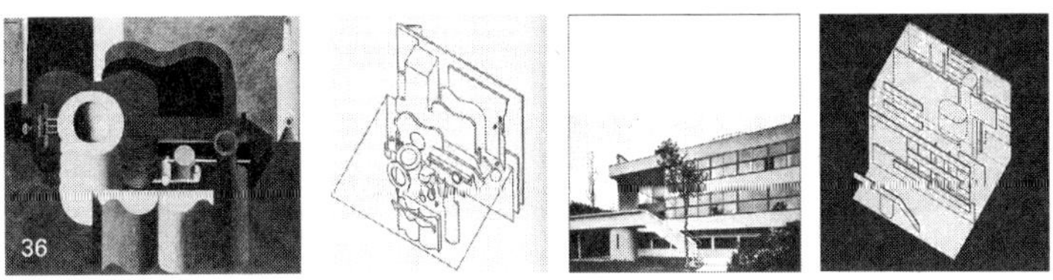

그는 "투명성"에서 르 꼬르뷔지에의 작품과 바우하우스 교사를 비교, 분석했다. 꼬르뷔지에의 가르쉐 주택과 같은 투명성의 복합성은 레이어들의 현상적 투명성에 의해 깊이를 가지게 되고 연상하도록 만든다. 큐비즘과 퓨리즘과 관련된 컨텍스트에서 그는 건축의 발전을 위해 이러한 주제의식을 확

36. 페르낭 레제의 그림과 빌라 가르쉐의 레이어별 분석도

8) 저서 "투명성"에서는 들루니, 모홀리나기, 레제의 평면화되면서 압착되어 추상화되는 방식에 대해서 비교분석하면서 현대추상회화의 평면화 과정에 대해서 분석하고 있다.

장시켰다. "투명성"에서 유리박스로 대변되는 국제주의 양식에 대립되는 반응이다. 슬러츠키와 로우에게 이러한 건물들은 황량함[9]을 드러내는 기념비와 같은 것으로 생각했다.

슬러츠키가 생각하는 현상적 투명성은 일반적으로 생각하는 투명한 물체와는 다른 개념으로 면의 중합을 통해 2차원적인 면에서도 공간적 깊이를 느낄 수 있는 방법론이 되고 있다. 그의 현상적 투명성은 주로 케페스G. Kepes의 정의에 기초하고 있다. 그는 인간의 머릿속에서 의식이 투사되어 하나의 형태가 다른 형태를 시각적으로 가리고 있어도 인식상에서는 배후의 공간을 인식하거나 상상함으로써 깊이를 느끼게 된다고 분석했다. 그것은 공간적으로 다른 위치에 있는 형태들이 공간적 차원의 모순을 일으키고 상호관입하면서 공간속에서 진동하고 있음을 의미한다. 이것은 후에 해체주의 시기의 표현에 있어서도 동일하게 적용되는 부분이다.

그것은 실재하는 면과 그 밑의 면에 있는 상상되는 공간을 형성하고 사실과 암시의 변증법을 통해서 공간과 동시에 존재하는 상태를 의미한다. 그의 저서에서 분석하고 있는 레제, 모홀리나기 등의 회화의 레이어 분석과 게슈탈트적인 깊이의 이중성은 가시적 투명성만이 지니는 특성이 아니다. 기디온은 "공간, 시간, 건축"에서 건축 외피와 볼륨들이 어떤 관계를 가지면서 결합되는가에 따라 투명성의 정도를 더욱 다양하고 복합적으로 상호 관입되게 만들 수 있으며 건축내부의 빛의 변화를 통해 시간성도 포함시킬 수 있다고 주장했다. 이것은 한편으로는 큐비즘 회화의 레이어가 있는 평면들과 매우 비슷하다.

콜린 로우의 투명성은 물질의 투명한 성질에 대한 논의라기보다는 오브제의 투명, 불투명한 성질을 이용하여 만들어지는 공간, 그리고 그 공간에서 보여지는 깊이감의 표현이 주제가 되고 있다. 전면의 투명한 재료, 빛이 있는 배경면, 그리고 두 면 사이에 놓여 있는 오브제, 이 세 가지 요소가 결합된 공간에서 깊이감을 느낄 수 있다.[10] 단순히 투명한 입면만으로는 공간의

9) 콜린 로우는 모더니즘의 페티시적 특성을 강조하고 있다. 브루노 타우트의 "유리 건축"에서 시작하여 미스의 초기 마천루 계획안과 그로피우스의 파구스 공장과 바우하우스 교사, 그리고 대기업의 커튼월로 상징되는 유니버설리즘에 이르기까지 투명성은 문자적 시각적으로 모던을 의미하는 건축적 현상이었다. 또한 시민에 의한 투명한 사회를 추구하는 시대정신이기도 했다.

깊이를 느낄 수 없다. 깊이를 느낄 수 있도록 하기 위해서는 한정된 공간과 프레임이 필요하고 빛이 있는 배경 등을 통해서 인지할 수 있도록 공간을 한정해야 한다. 그리고 투명한 전면과 배경면 사이에 깊이감을 느끼게 하는 것은 전면과 배경사이에 있는 오브제를 통해서이다. 로버트 슬러츠키의 회화는 이러한 논의의 연장선상에서 깊이와 투명성을 상당부분 보여주고 있으며 전체적인 구도의 색채의 균형과 형태를 통해 탐구해 나갔다.

–기하학적 아방가르드 추상예술과의 연계성

전술한 바와 같이 그의 작품은 기하학적 추상회화를 계승하고 있다. 최초의 진정한 기하학석 추상을 시작한 카시미르 말레비치는 1913년경 흰 바탕 위의 검은 장방형을 이용하여 회화를 구성하기 시작했다. 이후 말레비치 회화의 개념은 1920년대초 엘 리시츠키를 통해 서유럽에 전달되었고 서유럽에서 피에트 몬드리안, 테오 반 되스버그, 그리고 데 스틸로부터 나온 유사한 기하학적 개념과 통합되고 바우하우스 학풍의 핵심을 이루었다.[11] 이후 이들이 이주하면서 미국에서 기하학적 추상화풍이 전 세계에 전파되었다.

37. 평면적 압착현상과 투명성의 개념

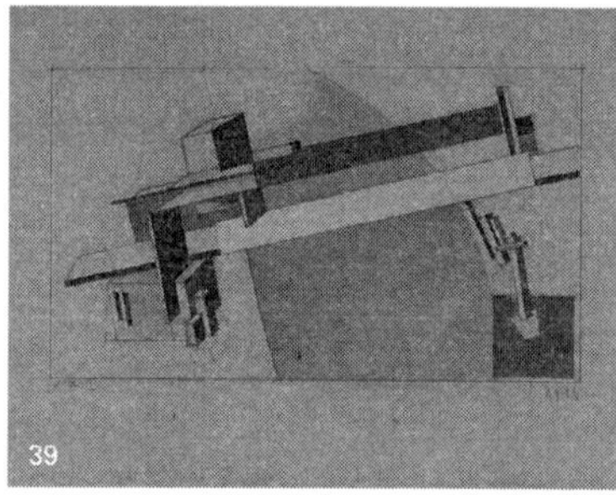

기하학적 추상에 있어서 건축과 거의 직접적으로 연계되는 예술가는 리시츠키이다. 그는 3차원화 되는 공간적 요소에 매우 직접적인 영향을 끼쳤으며 기하학적 추상을 추구하면서 보다 구체적인 오브제와 공간을 좀 더 심도 있게 탐구한 예술가다. 그의 회화에서는 공간감을 만들어내고 실험하기 위해 몇 가지의 요소들 및 방법론을 사용했다. 프라운 시리즈Proun Series의 요소들은 화면 프레임의 앞쪽과 뒤쪽으로 무한히 확장되는 속성을 가진 공간적 환영을 창조한다. 리시츠키는 연속적인 무한 공간을 추구하고 있는데 표현방식으로 투상도법이 일관되게 채택되고 있다. 프라운 회화에서의 투상도법은 가상의 연장선이 계속 만나지 않는 무한공간의 특성이 있다.

사물이 인식 상에서 앞 뒤의 무한대 거리에 위치하는 소점으로 재현되는 효과가 진동하듯 발생한다. 리시츠키는 실제공간에서 보여줄 수 없는 절대적인 차원의 공간을 보여주려는 것이었고 그 구체적인 수단은 공간의 진동을 통해 성취했다. 각각의 무한 공간은 고유한 색과 질감이 균일되게 표현되었다. 색은 내용/사물과의 관계 가운데 결정되며 질감도 붓놀림에 의해 일정한 패턴을 가지면서 무한공간에 색과 질감을 주어 내용/사물과 통합시킨다.[12] 그의 불확정적 요소들(부유, 액자효과, 관입, 절단, 접힘, 접촉, 진동)은 움직임과 환상을 만들면서 공식과 같은 구조들을 만든다.

기하학적 추상회화에서 중요한 액자효과는 공간의 앞쪽에 뒤쪽의 내용을

10) 김홍일, 콜린 로우 "투명성 이론"의 건축공간 분석 적용에 관한 연구, 대한건축학회 18권 9호, 37p, 2002

11) 기하학적 추상은 바우하우스의 화가, 교사들에 의해 활발히 추진되었고 이후 2차 세계대전 중 바우하우스가 폐쇄되고 박해당하면서 미국으로 건너왔다. 이후 모홀리나기는 1937년 시카코에서 신바우하우스를 열었고 요셉 알버스는 예일대학에서 색채와 인식 이론을 가르쳤다. 몬드리안은 그의 말년을 뉴욕에서 보냈고 버고인 딜러 등의 미국 기하학적 화가들의 정신적 지주가 되었다.

38. 프라운 시리즈

39. 프라운 시리즈 스터디

한정하여 보여주는 틀이 존재하며 액자 효과에 의해 공간은 깊이감을 가지면서 뒤편의 사물들이 틀속에 담겨 있는 효과를 만든다. 잠재공간은 관찰자의 인식이 투사된 공간속에서 가능공간으로 재생된다. 프라운의 역동적 불확정성을 통해 프라운은 잠재공간[13] 및 가능공간을 가지고 있다. 프라운은 2차원 사물과 3차원 사물로 구분되며 한 요소에서 각각 2차원과 3차원의 이중 효과를 만들어내고 있다. 프라운은 소점, 절대 스케일, 확정적 위치를 삭제하여 불확정적 공간을 만든다는 것을 규명했다. 로버트 슬러츠키의 회화에서도 정도의 차이는 있지만 이러한 요소들과 특성들이 대부분 드러나 있다.

러시아 아방가르드와 신소형주의 등의 회화작품 경향은 2차원의 회화이지만 3차원적 환상을 불러일으키면서 참여하게 되고 상상하게 만드는 면에서 매우 시사하는 바가 크다. 이 때 투명성의 요소가 이러한 과정의 핵심적인 역할을 하게 된다. 투명성이 평평한 캔버스나 도면에서 3차원적인 요소로 이르게 만드는 핵심적인 역할을 하게 된다는 것이다.
이러한 종류의 회화들은 대부분이 시간성을 지니게 된다. 이러한 과정은 예술작품과 관찰자라는 주체와 객체의 관계가 처음부터 나뉘어져 있는 수동적 대상이 아니라 처음부터 의도를 가지고 작품을 통해 관찰자를 참여시켜서 생각하게 만들고 움직이게 만드는 능동적 관계를 만드는 매개체로서의 역할이 주요한 기능이다. 시간성이 개입하는 부분이 바로 이러한 관찰자가 참여하는 부분에 존재하는 것이고 실제로 구상에서 벗어난 추상회화 및 설치미술의 대부분이 이러한 참여를 매우 중요한 요소로 생각하고 있다. 문학에서 나타난 수용미학의 경우 이러한 요소들이 결정적인 작용을 하면서 작품을 특이하게 만드는 구조적 변이 요소로 작용한다.

위에서 언급한 바와 같이 기하학적 추상회화는 인식상에서 참여의 과정을 거치고 구조화되면서 2차원에서 3차원의 요소들로 변환된다. 이 때 회화의

12) 박성식, 엘 리시츠키의 프라운에 담긴 이중구축체계에 관한 연구, 서울대학교 대학원, p46 인용.
13) 잠재공간이란 프라운이 잠재적으로 가지고 있는 3차원 공간이다. 가능공간이란 잠재공간이 만드는 조건속에 상상가능한 공간으로 관찰자의 인식속에서 존재하는 공간효과이다.

화면을 구성하는 각 요소들은 구성의 법칙과 함께 3차원화되고 그러한 요소에는 저서의 내용과 같이 투명성이라는 요소가 3차원 공간화의 중요한 매개적 역할을 하고 있음을 알 수 있다.
슬러츠키는 색체와 투명성이 모더니스트들의 평면화의 변주를 추구하면서도 어떻게 이것을 초월하는 것인가를 평생에 걸쳐 탐구했다. 건축과 교수였던 교육자로서의 경력으로 인해 이러한 주제의식은 건축적 표현으로 연결되면서 회화의 구성요소들이 현대건축적 조형양태와 어떤 관련이 있는지 탐구했다. 실제로 그의 작품 시기를 초기, 중기, 후기로 구분했을 때 이러한 차이점과 특성을 명백하게 확인할 수 있다.

–초기 작품경향

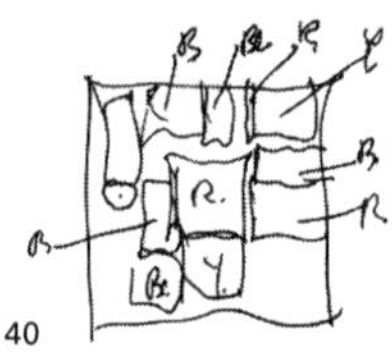

40

초기작품들의 특성은 몬드리안, 신조형주의 등의 사조에 직접적으로 영향을 받은 시기로서 절대적 직교축의 기하학적 구성, 면적인 요소들의 콤포지션을 이루고 있다. 실제로 그의 회화에서는 네덜란드 추상과 말레비치적인 요소들이 절대공간속에서 구성되어 공간속을 부유하거나 구축되는 것을 확인할 수 있다.
1956년부터 시작된 일련의 회화들은 그의 초기의 관심사항들을 명백히 보여주고 있다. 그의 작품에서 색채와 구조들은 점점 불안정화되어 운동감과 교차를 보이고 있다. 이러한 새로운 회화는 생생하게 미학적 고려사항을 확장시킨다. 추상적이고 모호하게 구조화되어 있는 그림의 평면들을 보여준다.

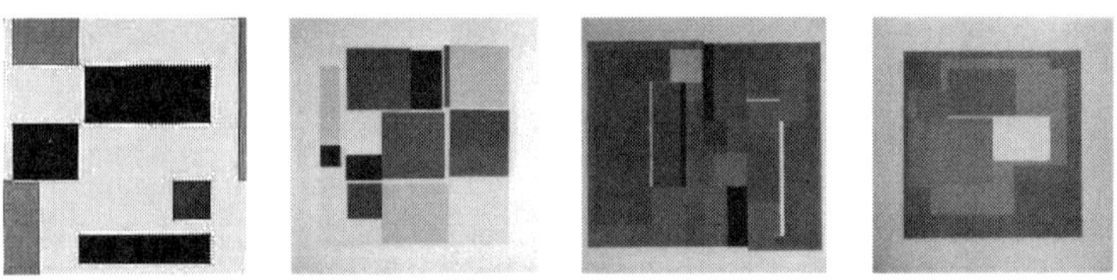

41-44

40. Source Hollandays 1958-74. 개념 스케치
41-44. 해체주의 시기의 작품경향

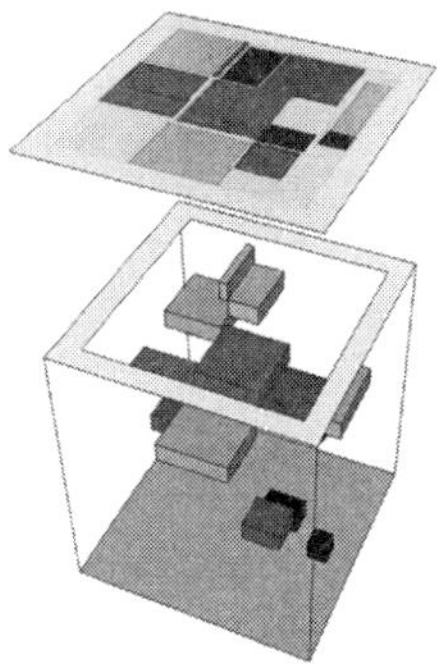

45

배경면으로 보이는 절대공간속에 프레임 속에서 면적 구성요소들이 실험되고 적절한 요소의 위치와 색채를 고려하여 구성작업을 하여 부유하면서 진동하고 있다. 구성주의와 데스틸에 명백한 영향을 받은 이러한 경향은 60 년대 후반에 이르러 좀 더 요소들의 숫자가 높아지고 중첩되면서 정적인 이미지에서 동적인 이미지로 바뀌고 있으며 절대공간속에서 부유하는 경향에서 외곽에 프레임의 레이어가 추가되는 경향을 보인다.

작품 Red Square (1955)과 같이, 빨강-노랑-파랑-검정-흰색의 기본적 색상에서 사각형의 기본적인 요소들로 시적인 배경구조에 전체 스펙트럼을 연계시키면서 바로 밑 레이어에 미묘한 톤의 색과 연계되는 효과를 표현하고 있다. 이러한 표현은 말레비치적이거나 데스틸의 사고와 직접적인 연관성을 가지고 있다.

–중기 작품경향

중기의 작품은 "투명성"을 공동 저술한 시기였기 때문에 저술과 관련된 사고가 주요하게 실험된 시기였다. 콜린 로우와 슬러츠키는 꼴라쥬적인 개념과 반투명, 투명의 요소가 콤포지션에 미치는 영향에 대해서 공동으로 탐구했고 투명성의 이론적 틀을 유지하면서 구성요소들의 소실점을 배제시키고 레이어적 요소속에 공간감을 실험한 시기였다.

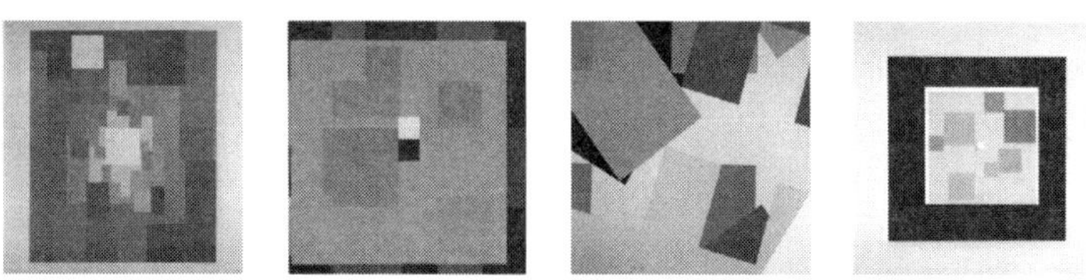

46-49

45. 모던시기의 작품경향
46-49. 해체주의 시기의 작품경향

이 시기에는 특히 처음으로 세계속의 세계(액자속의 액자와 세계)를 표현하고 반투명의 막 아래에서 요소들을 구성시킨 콤포지션을 실험하면서 가능성을 확장했다. 프레임을 사용하여 몇 개 레이어 속에 다른 상황의 세계가 펼쳐지고 다차원의 세계가 동시에 펼쳐지는 형식을 처음으로 실험했다. 후기에는 포스트모던적인 상황과 맞물리면서 면적요소와 4각형 요소들의 다양한 각도 속에 꼴라주되고 혼성적으로 구성되면서 보다 다채로운 공간감을 느낄 수 있는 구성이 시도되기도 했다.

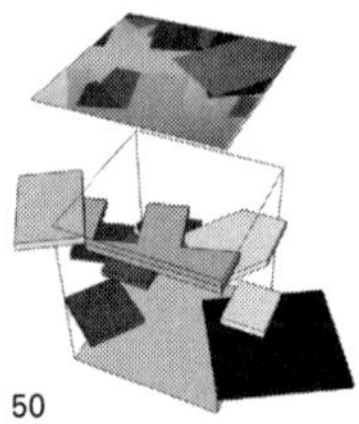

50

대규모로 선보였던 전시회에서 그는 다이아몬드 형태의 캔버스에 작업한 "회화에서의 다이아몬드와 건축"(1967년 존 헤이덕과 공동작업)의 작품을 선보였다. 또 다른 건축적 협동작업은 80년대 후반에 바젤의 건축 박물관에서 젊은 스위스 건축가들과 함께 수행하여 "CUBE/cHrOME"이라는 제목의 독특한 프로젝트의 모델을 선보였다. 색채의 연관성에 대한 시스템은 색채와 공간에 대한 삼차원적인 탐구를 하면서 일련의 개념상의 모델들을 보여주고 있다.

–후기 작품경향

주요한 실험요소인 색채의 변화를 살펴보면 중기까지의 작품에는 후기에서와 같이 빛이 산란되는 느낌의 분위기나 얼룩이 지거나 그라데이션 등의 색채가 보이지는 않고 경계가 명확한 단색의 본격적으로 요소들이 사용되었다. 그러나 후기에 들어서면서 그의 작품의 특징이 드러나는데, 외부로 멀어지고 있는 느낌의 공간과 색채가 동시에 짝을 이루면서 색채와 질감의 요소가 포함되고 있다. 색채는 이 시기에 환영과 알레고리를 전환시키면서 색채를 창조적으로 사용할 수 있도록 만들었다.

후기에 나타나는 주요한 특징을 살펴보면 면적 요소와 선적요소가 교차되는 구성을 보이며, 절대주의적 요소(배경과 원경)가 증가하고, 투시도적 공

50. 포스트모던 시기의 작품경향

간감을 초월하는 흑 백의 요소가 삽입되는 구성이 나타난다. 한편, 질감과 색채가 그라데이션이나 바래는 듯한 변화를 보이는 배경과 다양한 선적 요소들이 꼬이듯 짜여지는 구성이 주를 이루게 된다. 또한 배경에 위치한 요소들의 경계가 모호하게 되면서 전 배경 및 색채요소가 경계가 모호해지는 요소들도 등장하고 있음을 확인할 수 있다. 이 과정에서 빛의 산란의 느낌이 우세한 가운데 배경은 질감이 표현되거나, 음영이 지속(시간성의 도입)으로 표현되어 관찰자로 하여금 감정을 이입할 수 있는 요소가 되며 자신만의 기억에 참여할 수 있도록 한다. 이때 각 요소들은 소실점의 배제되는 상태로 부유하듯 떠 있게 되고 얇은 선적 요소는 빠르게 지나치거나 운동하고 있는 듯한 환상에 빠지게 된다.

Bluecross(1996)와 같은 후기 작업을 살펴보면 화면에서 날카롭게 경계를 가지던 다각형의 요소들이 더욱 부드러워지면서 부유하거나 진동하는 느낌과 함께 배경면의 무한 공간이 얼룩지거나 그라데이션 효과를 포함하여 변화하고 있다. 그것은 상호 침투하는 평면 스크린과 빛의 산란을 표현하는 것이다. 마치 안개속에 3차원적 요소들이 구성되어 있는 듯 한 느낌이다. 이렇게 후기의 작업에서는 빛이 전체로 확산되는 표현이 많이 나타나고 있다. 또한 이러는 가운데 볼륨들이 더욱 얽히는 듯한 느낌을 암시한다. 그럼에 불구하고 이러한 새로운 복합성은 진짜 직교하는 느낌이 배경에서 변이되는 것과 다르게 유지되고 있다.

-해체시기의 작품경향

해체주의가 유행했던 80년대 후반부터 90년대 초반의 시기에 이르러 그의 작품경향은 더욱 다양한 선적 요소와 가는 선의 띠들이 서로 교차하는 작품을 많이 선보이기 시작한다. 이 때 배경은 투명성이 있는 것 보다는 질감과 색의 표현을 통해 색의 확산 혹은 번짐 등의 표현이 처음으로 나타나고 있는 것을 확인할 수 있다.

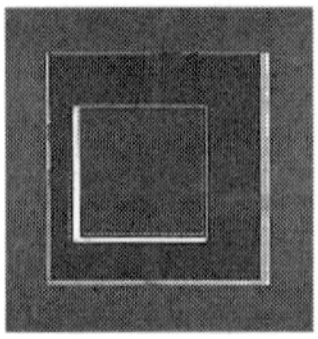

실제로 이 시기의 작품을 보게 되면 마치 아이젠만의 작품 Chora L Works와 베로나의 로미오와 줄리엣 성의 격자식 구조가 켜를 이루면서 변화해나가는 장면을 보는 느낌이 나는 듯한 텍스쳐로 표현되어 있다. 웩스너 센터의 경우, 배경이 되는 옛 건물 사이의 틈에 새로운 격자식의 구조물과 옛 기억의 요소들(요새건물의 파편)이 삽입되면서 새로운 관계를 만들어 나가고 있으며 새로운 글쓰기의 가능성이 실험되고 있다. 이 작품 역시 시각적인 요소와 틈의 요소, 배경 등이 슬러츠키의 당시 회화와 비슷한 연계성을 가짐을 형태적인 면에서 쉽게 파악가능하다.

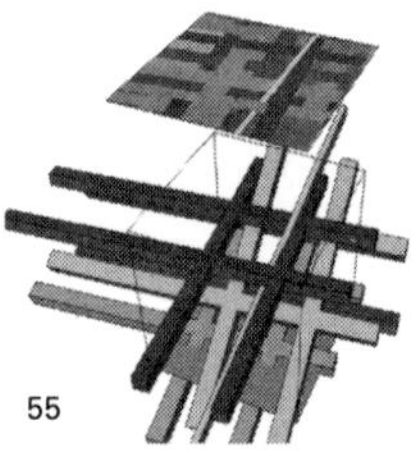

55

56

실제로 쿠퍼 유니온에서 그가 교편을 잡았던 시기는 한창 해체주의적인 사고가 유행하며 상호담론의 장이 뉴욕에서 많이 벌여졌다. 해체시기의 키워

51-55. 해체주의 시기의 작품경향
56. 피터 아이젠만의 작품과 상호영향관계

드인 상호텍스트성과 양피지(팔림프세스트), 오독하여 다시쓰기[14], 틈 및 사이공간In-Between 등의 요소들이 의미의 퇴적작용과 이중교차, 외형내의 의미내포, 다른 의미의 해석가능성을 더하면서 다차원적인 해석의 가능성을 확장시킨다.[15]

존 헤이덕이 근무했던 쿠퍼 유니온의 건축가의 교육을 위한 저서인『Education of Architects』를 살펴보면 해체주의 시기와 지각의 현상학의 담론이 중시되 는 감각적 표현을 극대화시킬 수 있는 커리큘럼이 대부분을 차지하고 있다. 특히 다양한 요소들이 교차하면서 새로운 표현의 가능성을 만들어내는 부분에 있어서 세계 건축 커리큘럼에 많은 영향을 끼친 것이 사실이다.

–몸 철학과 관련된 슬러츠키의 작품경향

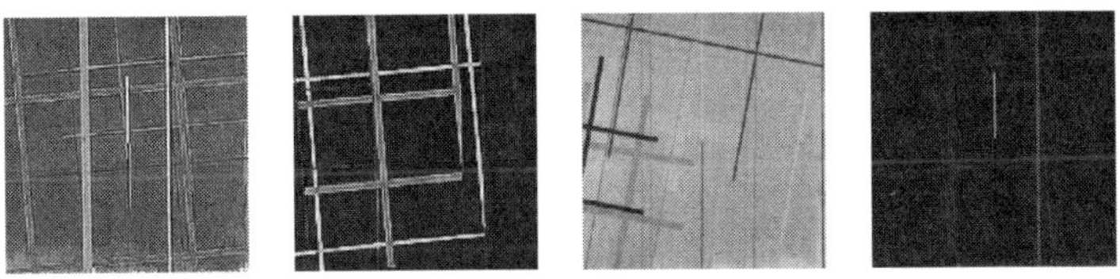

한편, 그의 회화에서는 끊임없이 연속되는 감각이 느껴진다. 그곳에서 채색된 표면은 공간에 투명한 것으로 보이고 겹쳐진 레이어를 대신하는 역할을 한다. 그의 회화는 빛과 색채를 사용할 때 시각적이면서 동시에 촉각적인 면을 드러내면서 은유적인 요소로 표현하고 있다. 검정색을 표현하는 경우 화염과 불에 타서 튀어나온 재의 색깔로 표현하는 방법을 쓰기도 한다. 간단히 말하면 기하학적 추상요소들을 이용하여 환영과 알레고리로 전환하는 것이다. 그림적인 평면과 그것의 삼차원적 암시들로 이루어져 있는 차원의 색채와 추상적인 형태를 탐구하고 있다고 말할 수 있다.

14) 오독하여 다시쓰기는 계속해서 무두질을 하여 흔적은 남지만 계속해서 다시쓰면서 새롭게 글쓰기를 할 수 있는 가능성을 상징하는 요소로서 해체주의의 주요한 상징적 단어가 되었다.

15) 문자로 표현되는 부분은 근본적으로 기입되는 순간 부족한 부분이 생기면서 대리보충의 세계에 빠져들게 마련이다. 따라서 본래 의도 혹은 욕망과 문자 사이에 끊임없는 미끄러짐이 발생하게 된다.

57. 아이젠만의 동경소재 작품과 유사성

58-61. 몸 철학과 빛의 산란 및 질감의 표현

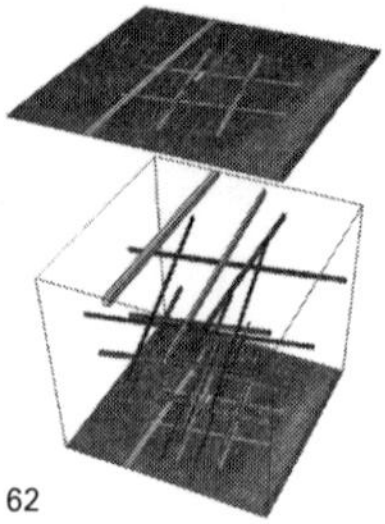

62

다른 추상 기하학 계열의 작품들은 말레비치의 회화를 제외하고는 경계가 비교적 명확하다. 그러나 슬러츠키의 회화에서는 몇 개의 레이어가 있지만 아래쪽에 멀리 있는 레이어의 경우 비슷한 색채를 가진 기하학적 형태의 경계가 모호해지면서 흐릿하게 사라지는 듯한 느낌으로 표현되어 있다. 한편 그의 후기 작품에서 중요한 부분은 배경면의 색이 일정한 톤으로 그려지는 것이 아니라 하부나 좌하 우하로 내려갈수록 색감이 바래거나 흘러 내리는 듯한 경향을 보이는 작품들이 많다. 특히 이 시기에는 선의 교차, 움직임의 강조, 배경색의 질감화, 배경 외곽부의 색채가 흐려지거나 붓터치를 하는 표현을 즐겨 사용하는 것을 확인할 수 있다.

–슬러츠키 회화와 현대철학 및 건축과의 관계

슬러츠키의 작품시기를 구분하여 분석한 표에서 주목할 부분은 후기의 요소들이 질감과 색채의 산란과 경계의 모호함이 강렬하게 표현되고 있는 점이다. 이것은 90년대 중반 이후 다시 논의되었던 현상학, 그중에서도 퐁티의 '지각의 현상학'과 밀접한 관련이 있다. 실제로 현상학적 건축관을 지닌 작가로 유명한 스티븐 홀의 수채화 스케치에서는 빛의 산란과 평면화, 그리고 재료의 질감 등을 감지할 수 있는 표현방법을 즐겨 사용하면서 실제 구축의 요소에 있어서도 체험이 주가 되는 강렬한 지각의 공간들이 구축되고 있다. 그의 수채화에서는 빛의 산란과 축의 변형을 통해서 3차원적인 소실점 체계를 위반하면서 일정부분을 평면화 시키고 있다. 다시 말해 선형공간에서 형성된 분위기는 소실점을 향해 뻗어나가는 가상의 직선의 그리드에 의해서 강렬하지만 정적인 분위기를 보이고 있다. 슬러츠키의 회화에서도 그러한 느낌의 내용들이 충분히 감지되며 스티븐 홀이 작업하기 수년전에 이러한 시도들이 이루어지고 있다.

62. 해체주의 시기의 작품경향

시기	시기의 특성	슬러츠키 회화	슬러츠키 작품의 특성	당시 조형관련분야 특성
초기	모던 회화 유지시기 (50년대 중반)		몬드리안, 신조형주의의 영향, 절대적 직교축의 기하학적 구성	기능적, 직교적, 구축적디자인 직교좌표체계, 기능성, 과학적, 장르/구분, 형식 (연계적, 폐쇄적)
	모던회화변주시기 (50년대-60년대말)	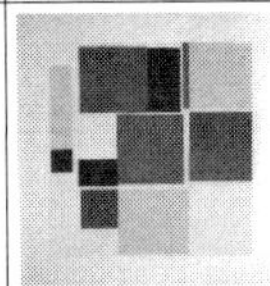	면적인 요소들의 콤포지션 위주, 주체성의 강조	구축적 구성의 다양한 실험, 현상학적 보완요소 삽입, 몸, 신체, 가변성
중기	투명성 저술 시기 (60년대말-70년대초)		반투명의 막 밑의 다른 차원의 세계 투명성의 이론적 틀을 유지, 소실점의 배제	과학/합리성 비판, 다양성, 꼴라쥬
	포스트모던 시기 (70년대)		다차원의 형식: 세계속의 세계 (액자속의 액자와 세계), 면 적요소와 각형 요소+다양 한 각도 (공간적 구성)	유희, 우연, 파격 등 반해석/오독, 반형식 (반연계적, 개방적) 과거기억요소, 대중선호요소
후기	해체주의 시기 (80년대)		면, 선 요소 교차 절대주의적 요소 증가(후면) 투시도적 공간감 초월 요소 삽입 짜여진 선적요소 경계 모호	사이, 틈, 파편화, 교차, 텍스트간 파편적 해석의 재조합, 페티쉬
	지각의 현상학적 현상 (90년대 이후)	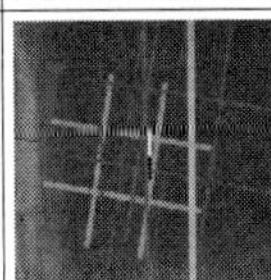	질감과 색감 변화 빛의 산란, 질감의 표현, 음영지속(시간성의 도입), 감정이입요소도입 기억의 참여 도입, 소실점의 배제	몸, 개체성 (우연, 시간, 불연속 개념)

슬러츠키의 시기별 작품특성과 건축적 가능성과의 관계

해체주의 건축에서 건축가들이 사용하는 상호텍스트적인 표현 방법론은 각 건축가의 아이덴티티에 따라 상이하나 상호텍스트적인 드러냄과 안정화라는 측면은 동일하다. 모던 시대의 이성적이고 논리적 프로세스의 작업들은 분석가능하고 눈으로 보았을 때 논리성이 인지가능한 것들이다. 그러나 상호텍스트성은 논리성으로 설명되기 힘든 것이나 불가능한 것들이 드러나는 과정이며 관객의 머릿속의 복잡한 인지과정을 거치게 마련이다. 슬러츠키의 회화는 그러한 상호텍스트적인 과정을 효과적으로 거치게 함으로써 2차원 매체에서 복합적인 공간감을 느낄 수 있도록 실험되었다. 해체주의 건축을 표방하는 건축가군 역시 실제 구축되는 3차원 공간속에서 기존의 방법론과는 다른 관점에서의 방법론을 통해 표현할 수 없는 것들을 드러낼 수 있게 하였다. 각 건축가들마다 아이덴티티를 드러낼 수 있는 방법론은 슬러츠키의 회화를 볼 때의 인지적 과정이 계속해서 드러나게 되는 공통점을 보이게 된다.

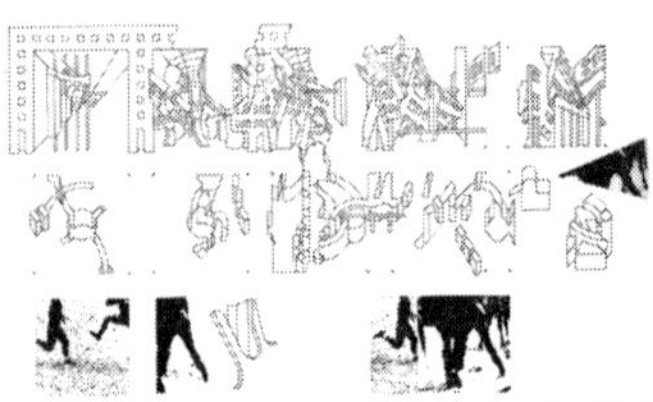

63

우선, 버나드 츄미는 그의 해체적 사유를 구현함에 있어서 이벤트적 요소를 삽입하여 공간안에 새로운 글쓰기를 하고 각종 행위 및 역사적 기억을 드러내거나 보충하게 만드는 수법을 사용한다. 그의 방법론은 프로그램 사이를 교차하기, 프로그램 사이를 넘나들기, 프로그램의 분리 등을 통해 기존의 글쓰기(구축방법론)로는 표현하거나 온전하게 드러낼 수 없는 표현방식을 드러내거나 보충하게 만드는 수법을 사용한다. 츄미는 '맨하탄 스크립트'라는 작품에서 건축도면도 아니고 그림도 아닌 아이콘과 같은 그림을 제작했다. 스크립트라는 것은 영화상의 스크립트, 텍스트로서의 스크립트를 의미한다. 영화의 스크립트는 일반적으로 영화에서 플롯의 역할을 한다. 그러나 그의 맨하탄 스크립트는 플롯이라고 말하기에도 애매하고 그

63. 츄미의 맨하탄 스크립트

렇다고 텍스트나 다이어그램도 아닌 애매한 영역에서 기능하는 것처럼 여겨진다.
맨하탄 스크립트는 그것이 실제의 건축적 작업은 아니지만 실현가능한 충분한 잠재성을 지니고 있다는 점에서 매우 독특하며 주목할 가치가 있다. 그 스크립트는 이벤트와 건축공간 움직임, 프로그램 등의 교차와 같은 다양한 움직임으로 인해 건축적 텍스트와 현실이 서로 교차하게 된다. 도면과 비슷한 부분은 평면, 입면, 단면 등이 또한 교차하며 다양한 상상력을 불러일으킨다. 사이공간은 또한 무대공간에 들어온 듯한 느낌과 함께 다양한 이야기를 떠올리게 한다.

츄미를 유명하게 만든 라 빌레트 공원 프로젝트에서 츄미는 파리 외곽의 도살장과 강이 있는 공원 컨텍스트 위에 가상의 그리드를 중첩시키고 그리드가 만나는 지점에 폴리를 배치하고 각각의 폴리를 연결시키는 선적, 면적 요소들을 기존 건물들과 반응하고 연계되게 배치하면서 상호텍스트작용을 일으킬 수 있도록 계획했다. 또한 그는 프로그램을 교차시키고 그 프로그램을 이동하면서 복잡한 연산과정을 거쳐 과거와 현재를 동시에 경험하면서 다층의 기억과 경험을 유도하도록 만들고 있다. 이렇듯 건축분야는 컨텍스트와 기존의 구축적 구성요소들이 있다는 점에서 데리다의 사유를 직접적으로 실험하기 용이한 장르였으며 그에 따라 철학자와 건축가(피터 아이젠만)가 공동작업을 하게 된 드문 선례를 남기게 되었다. 이것은 건축철학저 접근방식에도 지대한 영향을 미치게 된다. 이 작업을 보면 그의 차후 작품들에서 공통적으로 나타나는 프로그램의 교차, 넘나들기, 분리, 중첩, 재생산의 과정들이 드러나 있다.

한편, 츄미가 수학했던 AA의 유닛(츄미가 강의했던)에서의 학생작업인 '조이스의 정원' 프로젝트(1977)는 제임스 조이스의 작품 '피네간의 경야'의 문

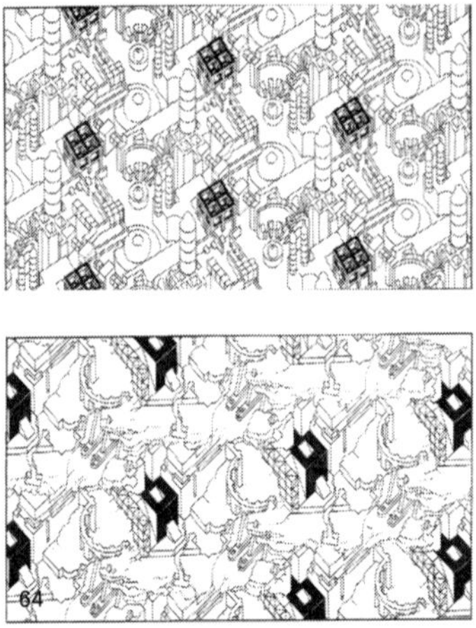

학적 특성을 건축적으로 해석하여 건축적 프로그램과 건축언어를 해체적으로 표현하고 실험한 작품들이다. 학생작품들을 살펴보면 기존의 텍스트를 해체한 이후 기존 도시의 구문을 다시 해석하고 철학, 문학, 예술, 건축 사이에 그어진 선을 자유롭게 넘나들 수 있는 가능성을 탐구하여 표현했다. 조이스의 텍스트에서 '피네간의 경야'[16]는 유럽의 20여개국의 다양한 언어로 동음이의同音異議의 유희pun를 추구하고 있으면서 영겁회귀와 순환구조를 이루고 있다. 츄미는 조이스의 작품적 특성을 건축적으로 실험한 것이다. 위에서 살펴본 바와 같이 논리적 이성적인 작업에서 일반적으로 쓰이는 방법론을 벗어난 방법론으로 순차적인 의미화과정을 거치도록 만드는 해체적 방법론은 슬러츠키 회화에서 단적으로 드러나고 있으며 이 방법론은 해체주의 건축에도 유사하게 사용되고 있음을 확인할 수 있다.

슬러츠키는 모던 초기의 건축공간의 조형적 실험을 회화에 적용해왔던 스승들의 전통의 연장선상에서 계속해서 발전된 과정을 진행했으나 포스트모던 시대를 거쳐 후기의 작품경향은 모던시대의 추상회화의 직교적 자표체계를 벗어나서 면적인 요소들에서 사선의 요소들이 각도를 달리하여 교차하면서 생기는 면들을 강조했으며 사이 공간들을 강조하는 전략을 사용했다. 데리다의 상호텍스트성은 사이(틈새)의 사유를 통해 기존의 구조로는 볼 수 없거나 사유할 수 없는 혹은 담아낼 수 없는 것들을 온전하게 드러내게 한다는 점에서 새로운 가능성을 보여주는 구조로 작용할 수 있다. 그것은 고찰한 바와 같이 슬러츠키 회화에서의 상호텍스트적 특성의 인지적 공

64. 피네간의 경야를 건축적으로 스터디한 '조이스의 정원'

16) 피네간의 경야는 인생이 영겁회귀의 반복되는 흐름임을 강조하며 인간의 무의식과 잠재의식의 집단무의식을 다국적 언어의 유희로 조합하여 표현한 명저이다.

간화 작용과 매우 흡사하며 이것은 알레고리의 연상 작용과도 유사하다. 이는 슬러츠키의 의미화 과정이며 이는 해체주의 건축에서 다양한 방법론으로 사용하는 방법론이다. 로버트 슬러츠키의 회화 역시 기존의 컨텍스트에서의 텍스트 간 상호교차와 파편의 재조합이 일어나는 요소들이 반복 교차되면서 공간상에서 복합적으로 재조합되는 공간지각을 자극하며 새로운 공간적 가능성을 이끌었다는 점과 건축분야에 커다란 영향을 끼쳤다는 점에서 의의가 있다고 할 수 있다.

5010 피라네지와 조이스의 해체적 작업방식

해체주의 담론은 직접적 구축이 중요하다기 보다는 담론적 해석에 의한 재구축이 중요하므로 건축과 같이 직접적으로 구축하는 분야를 살펴보는 것보다는 다른 표현영역에서의 텍스트적 해석의 작업이 더욱 이해하는데 편리하다.
건축분야에서 해체주의적 성향의 작업을 이해하기 위해 살펴보아야 하는 인물 중 가장 적절한 인물이자 대표적인 작가 중에는 동판화 건축가 피라네지Piranesi, Giovanni Battista와 소설가 제임스 조이스가 있다. 피라네지는 오늘날의 레베우스 우즈의 역할을 했던 18세기의 페이퍼 아키텍트paper architect였고 제임스 조이스James Joyce는 천재적인 문학작가로서, 매우 건축구축적이면서 심리적인 것까지도 아우르는 작품을 선보여 해체적 개념과 매우 유사한 작품을 만들어냈다.[17]

비평가 제니퍼 블루머는 이미 이 두 사람의 건축구축적architectonic 유사성을 간파하고 해체주의적 성향에 대한 내용을 상호 분석하여 호평받았다. 피라네지의 작품경향을 잘 분석하여 살펴보는 것은 해체주의 건축의 핵심에 이르는 효과적인 방법이다.
피라네지(1720~1778)는 이탈리아 베니스 출신으로 실제 작품보다는 동판

17) 5010의 피라네지에 관련된 내용은 다음의 논문을 요약한 것.
임기택, 피라네지 공간의 알레고리적 특성에 관한 연구,
한국실내디자인학회 논문집 15(1), 2006.2를 참조바람.

화의 비전을 통해 현대 건축가에게 많은 공간적 영감을 준 작가로 유명하다. 그의 작품 성향은 오늘날로 비유하자면 레베우스 우즈Lebbeus Woods와 같은 페이퍼 아키텍트의 역할을 수행한 것이었다. 그는 당시 유행처럼 퍼지고 있던 계몽주의 사상과 고고학의 발전속에서 이성을 통한 고고학적 분석과 상상력을 결합한 공간구조를 표현함으로써 역사상 어떠한 건축가보다 상상력의 여지가 넘치는 비전을 제시했다. 그의 작품들은 당시의 시공간의 관습들을 종합하여 상상으로 그려낸 것이었으며 작품 대부분은 열병과 같은 착란상태에서 열정적으로 작업되었다고 전해지고 있다.[18)]

이성의 시대, 계몽의 시대에 살았던 피라네지는 이성적 조사를 중요시하는 고고학적인 자세와 유형학적 자세로 고대 로마 등의 폐허를 연구하고 직접 돌아다니며 예전 도시를 상상하고 복원하며 재구축했다. 그의 작업은 이성적인 접근방식이지만 동시에 옛 고대의 공간을 상상하면서 기억과 자신의 상상력을 발휘하며 끊임없이 확장되는 도시구조와 대규모 공간구조를 제시하는 것이었다. 따라서 그의 작업은 알레고리적인 복잡한 심상과정을 통해 지각과 관련된 현상학적 체험을 할 수 있게 만들어 준다. 또한 절충주의적 양식의 측면에서는 포스트모던적인 느낌을 받을 수도 있으며 이와 관련하여 해체주의 시기에 활발한 담론이 형성되었다.

피라네지와 비슷한 경향을 문학에서 찾아 본다면 제임스 조이스의 '피네간의 경야'에서의 구조[19)]를 연결시켜 생각해 볼 수 있다. 행간에서 다양한 언어와 상징들이 교차하는 가운데 자신의 경험과 기억에 따라 다양하게 재편 가능한 이야기 구조는 독자를 즐겁게 작품생산에 참여하게 끔 만들고 있다. 또한 조이스의 작품인 '율리시즈'의 파편화된 이야기체에 대응시켜 생각해 볼 수도 있다. 장의 순서의 구분 없이 읽어도 전체적으로 조합하여 하나의 거대한 이미지로 조합하여 전체적 흐름을 파악하게 하며 동시에 도시적 구조와 이미지를 이야기 내에 삽입하여 독자 스스로 도시구조를 재편하여 각 독자만의 공간을 만들어 걷게 만드는 힘이 있다. 직조물과 같이 텍스트로

18) 제니퍼 블루머, 조이스와 피라네지의 각본, 임기택 역, 시공문화사, 2006, p24인용

19) 제임스 조이스는 예술지상주의를 신봉하는 시인적 작가로 잘 알려져 있다. 그의 난해한 《피네간의 경야 Finnegan's Wake》(1939)는 진일보한 실험적 작품으로 《율리시스》에서 사용된 '의식의 흐름'의 수법이 종횡으로 구사되었으며 다양한 나라의 언어가 동시에 사용되면서 알레고리화를 통해 거대한 이미지를 만들어내며 독자가 개입하여 각자의 이야기를 새로 재생산해내는 구조로 되어있다.

	Campo Marzio 시리즈	Carceri 시리즈
사 진	 	 
전체공간 특징	정확한 고고학적 사실에서 상상된 공간들의 조합, 꼴라쥬	당시 시·공간의 관습 종합, 참여의 공간
스케일	도시적 스케일	공간 내부의 상상을 사극하는 건축 및 인테리어 스케일
작업 특징	환영상태에서 작업	순수한 볼륨과 공간에 매료되어 작업
공간 특징	서사적 주제 (폐허의 조각, 파편)	경계 혹은 사이, 현실과 비현실의 교차, 공간의 모순, 교차
모티브	다양한 기능과 역사적 건물	지하감옥, 고문, 진행중의 작업장소 (작업도구, 거대한 힘)
조형	프로그램 및 'Technology'의 영향, 세계속의 세계 포함, 공간 속의 공간	역동성의 조형화, 분리와 통합이 공존하는 체계
의의	계몽사상 및 고고학발전의 영향속에 근대적 도시공간 제시	근대적 공간의 실험

Campo Marzio와 Carceri 에칭 시리즈의 특성 비교 및 분석

짜여진 것은 단순하고 부족한 것이 감성적으로 전달하는 대리인 이상의 특성을 보이고 있다. 그것은 숨겨진 채로 억압되어 왔던 무언가를 표면화시키는 것이 가능하다. 텍스트는 한정된 시각에서 글쓰기 이상의 직물과 같은 대상이고 그것을 통해 말하기나 진실이 표현되는 투명한 매개체 그 이상의 무언가를 담고 있는 경우가 많다.

해체주의 건축을 이해하기 위해 피라네지를 살펴보아야 하는 이유는 참여를 통한 의미화에 집중하고 있기 때문이다. 다시 말해, 피라네지의 동판화 작품 속에 등장하는 공간 자체는 그리드적인 합리적 이성 체계에 근거하고 있는 듯 보이지만 시각적 측면으로 바라보면 분위기 자체와 각종 연결 동선들은 과거의 양식으로 되어 있으면서 양식적 요소를 가미하여 관찰자로 하여금 참여와 복잡한 알레고리화의 과정으로 유도하고 있다. 피라네지가 활동하던 시기는 고고학(이성의 분석, 18c 이성의 시기)이 매우 발전하고 있었던 때였다. 이성적으로 옛것을 추리하고 합리적으로 분석하여 새롭게 드러내는 작업은 분명 이성의 힘이다. 그러나 그속의 다양한 심리적 작용과 알레고리적 요소를 같이 표현함으로써 그의 작품들은 합리적 이성만으로는 부족한 드러냄의 표현까지도 포함시키는 차연, 대리보충, 산종의 작용이 잘 드러난 작품을 완성할 수 있었다.

그래서 피라네지의 작업은 형상적인 것과 기하학적인 것들이 명백한 변증법적 관계 속에서 공존하며 중첩되어 있다. 기하학적 배치의 구조와 함께 기억과 컨텍스트를 드러내는 형상적인 매스와 하부 요소들 결합되어 표현되면서 기존의 체계로는 설명하거나 드러낼 수 없었던 것을 드러낼 수 있는 가능성이 생기게 된다. 위의 내용들은 그의 동판화를 보면 확인할 수 있다.

65. 피라네지, 동굴Carceri 에칭 연작

66. 피라네지, 동굴Carceri 에칭 연작

	사 진	이미지에 내포된 특성
경계성		프로그램 및 'Technology'의 영향, 세계 속의 세계 포함, 공간 속의 공간
파편화		어긋나는 각각 면들의 요소, 공간의 중첩과 역동성 강조 (오브제와 구름다리와 장식의 겹침)
시점상의 공간모순		수직적 공간의 운동, 완결된 공간을 지향 (소실점의 숨김) 오브제들은 공간의 접점에 위치, 공간의 전개를 암시
공간적 시간적 분리		오브제들은 부수어지고 잠식되어 결국, 빛과 어둠의 형태, 각각의 면들의 요소들은 구조 내에서 서로 조금씩 어긋나고 있음.
운동감		하부에서 상부로의 나선의 회전 운동, 무질서한 축적이 아닌 규준을 통한 질서, 새로운 투시도 수법
거대함과 어두움		거대한 공작의 느낌
알레고리화의 이 미지		인간화의 과정(복잡한 알레고리의 과정), 각각의 공간에 참여

피라네지 동판화의 이미지 분석

피라네지의 동판화는 모호함과 함께 시지각적인 면에 있어서 강렬한 흡인력을 가지게 되는데, 그것은 문학적인 것으로 바꿔 말하면 일종의 이야기적인 해석으로 볼 수 있다. 그의 작품을 보는 사람은 공간에 빠져 끊임없이 미궁속을 헤매는 듯한 착각을 일으킨다. 그의 공간은 한눈에 형태와 공간을 인지할 수 있는 자기 완결적인 작품이 아니라 모호함과 미궁과 같은 구조속에 참여하면서 끊임없이 재생산할 수 있는 작품구성을 가지고 있다. 피라네지의 작품은 실제 관찰자가 지어진 작품 몇 가지를 제외하고는 크게 캄포 마르지오Campo Marzio 연작과 감옥Carceri연작으로 나누어 볼 수 있다.

피라네지의 공간에서는 장소인 공간의 현존을 보여주면서, 문자적으로 "벽 사이"의 사이 공간을 보여주고 있으며 동시에 사이 공간에서는 여러 가지의 이미지들을 끌어낼 수 있다. 하나는 미로의 사이에 있는 장소, 즉 끊임없는 미궁 속을 해매는 과정이며 지도를 통해 무언가 찾아내려는 욕망이 교차하는 장소이다. 피라네지가 구현하고 있는 공간 속의 다양한 프로그램은 선에 따라 다양한 작업기구들과 활발히 움직이는 사람들, 고문기구와 연기사이로부터 수직적 공간의 시나리오를 따라가면서 수평적 실험에서 중심의 균열과 또 다른 중심을 발견하는 모순적인 느낌을 받게 된다. 공간 속의 실제적인 구조와 고딕 아치, 갑자기 도는 거대한 계단, 뿌연 뒷 배경과 연기, 여러 가지 도구 등의 많은 요소들이 쓰이면서 공간 속의 역동성을 만들어내면서 관찰자로 하여금 더욱 그 공간에 집중하여 상상할 수 있도록 만들고 있다.

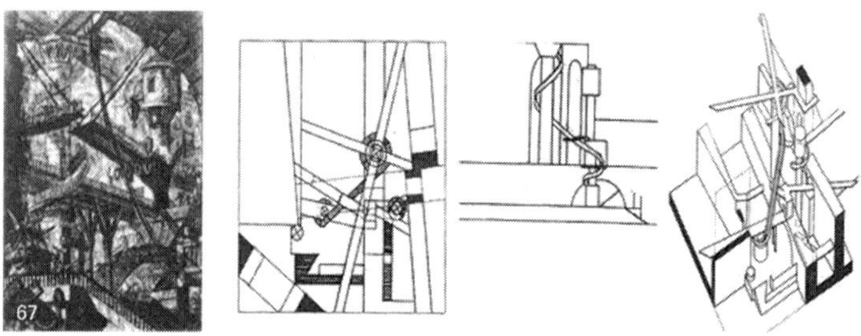

67. 피라네지의 Carceri 공간 분석도
신승수, 피라네지 공간의 극장성을 통해 본 근대성의 재해석, 서울대 석논, 1997, p104 다이어그램 인용

앞서 살펴본 슬러츠키의 인지과정의 해체적 방법론은 피라네지의 동판화의 인지과정과 매우 유사한 면을 보인다. 피라네지의 카르체리(동굴) 동판화 작업 전반에서 보이는 공간의 참여수법은 실제로 2차원에서 3차원으로 공간화 시키면서 분석이 가능하다. 그의 동판화에서 보여지는 경계성, 파편화, 시점상의 공간모순, 운동감, 상승효과, 거대함과 어두움, 알레고리화 등은 2차원의 평면화 된 공간에서 관찰자가 참여하여 거대하고 환영적인 3차원 공간화로 스스로 구축하는 과정을 거치면서 시간성이 도입되게 마련이다.[21)]

한편, 그의 또 다른 연작인 캄포 마르지오Campo Marzio(마르지오 광장)는 고대 로마의 도시구싱을 당시 유행하던 고고학적 특성에 따라 상상속에서 적절히 꼴라쥬 하여 재구성한 것으로, 표현의 모티브 자체는 고대 로마의 유형들이 쓰였지만, 그의 도시구성에서 나타나고 있는 거대한 공간들과 이미지들은 마치 현대의 대규모 공간이나 공장 이미지, 복잡한 대도시의 양상을 보여주고 있다. 캄포 마르지오 연작을 보고 있으면 어느새 보는 이 자신이 현기증 나는 도시공간 속을 거니는 듯한 착각을 일으키며 무한한 상상을 하게끔 만든다. 이는 실제의 공간을 거니는 듯한 착각과 함께 과거와 미래가 교차하고 현실과 비현실이 교차하는 듯한 느낌을 받게 된다. 이것은 관찰자가 공간의 인지과정과 재구축 과정에 참여하게 되는 것이다.
그의 동굴연작Carceri에서 보여지는 내부 건축공간들의 이미지들은 극도의 공포를 경험할 수 있도록 의도되어 있는 것으로 보인다. 동판화 하부에는 공장과 같은 거대한 공간속에서 부단한 작업 중에 솟아나오는 연기들 사이로 각종 작업 도구들과 활발한 동선의 교차 및 사람들의 움직임들은 기하학적인 구조와 중간 중간의 구조물과 교차다리 등이 엮이면서 다양한 이야기들이 섞여들어가며 재생산된다. 그의 공간은 지옥, 무덤 죽음 등이 공통된 이미지이다. 그러나 이러한 음침한 공간은 복잡한 알레고리화의 과정을 통한 새로운 창조의 공간이 된다. 이것은 앞서 살펴본 슬러츠키의 회화적 구

21) 임기택, 피라네지 공간의 알레고리적 특성에 관한 연구, 실내디자인학회논문집, 2006년 2월, p6 인용

성물 '사이' 혹은 '틈'을 보는 이가 참여하여 공간적 인지작용을 진행하는 것과 유사하다. 계속적으로 참여하여 재창조하는 과정은 고통스러우면서도 즐거운 인간화(참여)의 작업이 된다. 그의 작품은 부재와 현존의 끊임없는 교환 작업을 통해 연속되는 공간속의 공간, 현실과 비현실이 끊임없이 교차하는 경계에 위치한다. 여기서 중요한 의미를 가지는 '경계'라는 것은 항상 정착되어 있는 부분이 아닌 불안정하고 계속적으로 유동적인 힘이 교차하고 왕복하는 부분이다. 이것은 7권에서 살펴볼 들뢰즈의 사유와 연계되는 부분이다.

69

여러 가지가 교차하며 만들어내는 의미화의 과정은 알레고리화의 과정과 매우 유사하다. 알레고리는 기본적으로 설화, 신화, 성서의 해석과 관계되는 비유적 수사로서 그것들은 시각예술의 주제적, 양식적 범례를 만들어 왔다. 특히 이러한 경향은 신화나 성서의 이야기를 중심으로 하는 회화부분에서 많이 나타났다. 이렇게 각자의 지식의 정도나 삶의 경험에 따라 복잡한 기억의 연상작용과 함께 다른 방향으로 재생산 과정을 거치면서 비로소 하나의 거대한 이미지로 인식되게 된다. 이렇게 알레고리는 고전주의, 낭만주의, 상징주의, 표현주의 등 형상화 전통 속에 계승되어 오다가 모더니즘에 이르러 추상미술의 발전과 함께 잠시 주춤했지만 초현실주의, 극사실주의, 신표현주의 등으로 다시 활발한 담론과 작품들이 선보여졌다. 피라네지의 동판화의 참여과정을 통한 의미화에 이렇게 다양한 연상작용과 함께 많은 것들이 교차하고 포함되어 드러나는 것이 가능하게 해준다.

사인Sign이나 심볼Simbol, 앤블럼Enblem과는 달리 해체주의 담론에서 계속적으로 언급되는 알레고리allegory는 서사적인 주제와 함께 기존의 텍스트에 해당되는 다양한 것들을 기본으로 하여 여러 요인들이 복잡한 상호작용을 통

69. 피라네지 감옥Carceri 연작

68. 피라네지, 캄포 마르지오 에칭

해 하나의 거대하고 힘 있는 이미지로 다가오게 하는 힘이 있다. 또한 이것은 눈에 직접적으로 보이거나 공식과 같이 단순한 도식에 의하여 설명될 수 있는 것이 아니라 내부에서 다양한 것들이 교차하면서 촘촘한 그물망과 같은 거대한 이미지를 만들어 내므로 단순한 상징보다 더욱 심층적으로 강력한 힘을 발휘하게 만드는 힘이 있다. 따라서 알레고리화의 과정은 종종 직물이나 그물망을 짜는 것으로 달리 이야기 된다. 그런 의미에서 알레고리를 다른 말로 "은유적인 그물망(짜서 만든것)"이라고 명칭되기도 한다. 직물의 씨줄과 날줄 자체는 큰 역할을 못하지만 그것이 묶여져서 하나의 커다란 직물이 만들어지면 직물속의 무늬는 의도하고자 하는 이미지로 나타나 비로소 인지할 수 있게 되는 것과 마찬가지이다.

과정의 키워드	과정	상호텍스성 키워드[23]	특 성
(초기) 다층의 기존 요소들	다층 레이어 및 컨텍스트	양피지[24] 조개무지[25] 지도	역사, 기억, 재발견, 적용, 의미의 퇴적화, 발굴의 가능성
(시동) 컨텍스트내포 및 그룹화	내용포함 및 기입과정	동굴[26], 선박[27], 용기, 상형문자[28], 트로이목마[29], 파편	동일성의 이질성 내포, 다른 의미의 해석가능성, 동음이의 가능성
(작용) 상호작용	교차 및 직물	파마콘[30], 로케토[31], 짜기 이중교차 거울 patchwork (기운것)	의미의 상호교차, 모자이크화, 변증법적 과정, 차이점의 혼합, 침투
(후기) 중간과정생산	복잡함	바벨탑, 글자, 암탉	교차/복합화를 통한 재생산
(결과)탄생	새로운 창조	인공부화장[32]	이전과 전혀 다른 새로운 의미창조 및 내포

23) 제니퍼 블루머, 건축과 텍스트:조이스와 피라네지의 각본, 임기택 역, 시공문화사, 2006, p205-252까지의 키워드를 정리한 표

24) '팔림프세스트'라는 용어로 표현되기도 하는 양피지는 무두질을 통해 계속해서 글자를 쓸 수 있으며 이전에 쓴 글씨의 '흔적'이 남아있다는 점에서 컨텍스트적이다.

25) 조개무지속에서 숨겨져 퇴적되어 있는 것, 그 가운데 파헤치고 캐내는 것 등이 기존 컨텍스트내에서 의미를 발견하는 것과 같은 상징성을 가지고 있다.

26) 같은책 p 207. 동굴은 보관할 수 있는 장소이며 무언가가 비밀스럽게 신성한 것이 보관되는 장소이며 역사, 기억, 무의식의 장소이다.

27) 선박은 무언가를 싣고 떠날 수 있는 것이며 무언가를 포함할 수 있는 용기이다. 바이러스 역시 포함되 확산될 수 있다.

28) 같은책 p 219. 그림이면서 동시에 글자적 의미를 내포하며 암각으로 인해 글자 자체에 공간적 속성이 내포되어 있다.

29) 트로이목마는 상징적인 구조물인 동시에 적진에 고요히 들어가 적진을 전복시킬 수 있는 바이러스적인 것을 내포하고 있는 것이다.

마찬가지로 직물을 짜는 행위는 결과가 드러나기 전까지는 모호한 상태에서 관계없는 듯한 사실을 말하는 것일 수 있으며 반대로 직접적인 것을 말하는 가운데 허구를 말하는 경우도 존재할 수 있다.[33] 이는 현란할 정도로 많은 상상이 교차하면서 관찰자로 하여금 참여의 공간을 만든다. 이것은 의식이 투사되어 의미화 되면서 무의식적 욕망이 수면 위로 떠오르는 과정으로 설명 가능하다. 효과적으로 이런 방식을 극대화하기 위해 알레고리는 역사와 기하학, 시간과 공간을 산산조각 내어 재편하는 방법을 쓰기도 한다.

앞서 데리다가 상호텍스트적 과정을 통해서 기존 컨텍스트로는 드러내기 힘들었던 것들을 드러내는 것을 강조했음을 살펴보았다. 또한 이것은 기존의 언어구조로는 불가능함을 강조했다. 기존 컨텍스트에서 일련의 상호텍스트적 과정을 통해 온전하게 드러내기 위해서는 무언가 다른 방법론이 필요하다. 조형분야에서는 무언가를 드러내어 물질화를 만들어야 하는 직무이므로 조형을 만드는 주체와 대상(세계) 사이의 숨겨지거나 말할 수 없는 것들을 온전히 드러나게 할 수 있게 하기 위해서는 창작의 과정을 분석하고 과정적인 요소들을 사용하기 마련이다.

블루머는 해체적 사유의 드러내기 위한 작동방식을 위해 다양한 키워드를 통해 제시함으로써 그의 사유를 보여준다. 블루머가 역사의 흔적(다층적 레이어)을 찾아볼 수 있는 키워드로 제시하는 것은 양피지, 조개무지, 지도 등이 있으며 내포 및 그룹화 과정은 무언가가 포함 및 저장되어 있는 동굴, 선박, 용기, 상형문자, 트로이 목마 등이 있다. 또 상호 작용으로는 파마콘, 로케토(양쪽 반복 교차), 이중교차 등이 있다. 블루머는 교차를 통한 재생산의 과정으로 바벨탑, 글자, 암탉 등의 비유를 통해 인공 부화장에서와 같이 다양한 것들이 재창조되는 과정을 언급하고 있다. 이렇게 기존의 방법으로는 드러낼 수 없는 것들을 드러낼 수 있는 방법은 끊임없이 주체와 객체 사이

30) 같은책 p 235. 파마콘은 약인 동시에 독으로서 양성적인 쓰임새로 인해 내부이면서 동시에 외부인 데리다의 상호텍스트성의 속성을 설명하기 위해 사용되었다.

31) 같은책 p 240. 로케토는 계속해서 왕복하면서 직물을 짜는 베틀의 실패이다. 계속적으로 왕복하면서 직물의 문양을 통해 무언가를 드러내게 하는 역할을 한다.

32) 같은책 p 213. 인공부화장에서 태어나는 병아리들은 인위적인 시스템속에서 생산되는 것으로 상호텍스트적 행위의 산물을 상징한다.

의 부족한 점을 왕복하면서 패치워크patchwork를 짜듯이 작업하고 진정한 의도가 무엇인지를 드러내는 것이다. 각각의 키워드들은 각 단계의 특성을 상징하는 것이다.

과정은 다음과 같다. 기존 컨텍스트를 구성하고 있는 기존 요소들의 내포된 의미들이 그룹화되면서 새로운 것들이 만들어 질 수 있는 기본적 요건들이 충족된다. 이를 통해 교차 및 짜기를 통해 상호작용을 시작한다. 상호작용을 통해 복잡한 양상들이 펼쳐지고 무질서한 요소들이 만들어지고 인공부화장과 같은 새로운 창조를 통해 기존의 것들에서 볼 수 없었거나 말할 수 없었던 것들(욕망, 억압, 은밀한 것, 금기 등)이 드러나게 되는 과정을 보여준다.

해체주의의 상호텍스트성과 비슷한 과정은 회화분야에서는 전통적으로 보는 관객으로 하여금 잘 알려진 역사적 사실에 근거한 알레고리적 과정을 사용함으로써 성취할 수 있다. 그러나 공간에 직접적으로 연계되어 영감을 줄 수 있는 해체주의적 상호텍스트성은 앞서 살펴 본 슬러츠키 회화에서 찾아볼 수 있는데, 이는 앞서 살펴본 후기의 작품의 특성과 관객의 인지적 과정에서 그 유사성을 쉽게 판단할 수 있게 된다. 제니퍼 블루머는 그것을 판단하는 것을 다음과 같은 몇 가지 키워드로 판단을 했고, 그것은 복잡한 심적 과정을 통해 하나의 성과물이 이루어져 가는 과정을 보여준다. 다음의 다이어그램은 여러 상징 및 알레고리가 녹아 있는 피라네지 공간을 몇 가지 키워드와 함께 알레고리화의 재생산 과정을 보여주는 것이다. 알레고리는 연상작용을 위하여 역사, 기억, 내지는 컨텍스트가 필요하며 이러한 요소들은 일반적으로 여러가지 다의적인 의미들을 내포함으로써 다양한 연상의 여지를 남겨 놓고 있다. 이후 관찰자가 개입하여 자신의 지식이나 성장과정의 경험 요소들과 결합하여 다중의 의미들을 상호 교차시키게 된다. 모자이크화 과정에서 '상호침투'하며 의미가 상호 교환되고 새로운 의미화를 만들어 내는 과정은 역시 해체의 주요 키워들 중 하나이다.

33) 테레우스와 프록네 그리고 필로멜라의 신화는 직물을 짜는 행위의 의미를 나타내는데 대한 좋은 예로서, 프록네의 남편이 친여동생인 필로멜라를 강간하고 사실을 발설 못하게 혀를 잘라내지만 동생은 베틀에서 직물로서 상황을 묘사하는 그림을 짜 넣음으로써 사실을 알려준다. 드러낼 수 없는 것들을 짜기weaving라는 상호교차의 과정을 통해 의미를 드러나게 하는 작업을 수행하는 것이다.

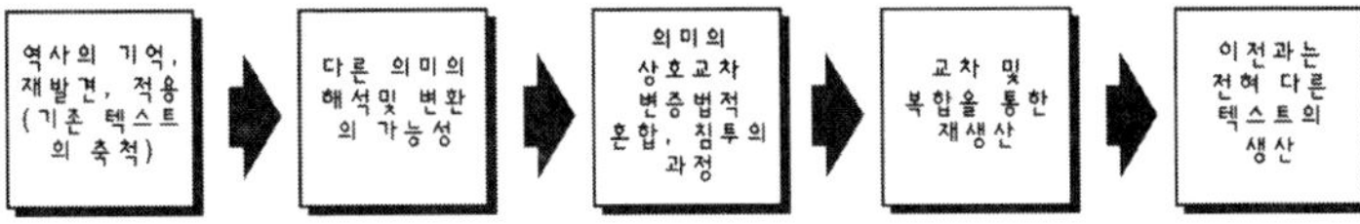

알레고리의 의미화과정 분석표

드러낼 수 없는 것을 드러내는 텍스트의 과정은 앞의 다이어그램과 같이 알레고리화 되는 과정을 실시하고 텍스트를 읽는 독자로 하여금 다양한 연상과정을 통해 상호침투 되면서 의미가 생성되는 과정을 거치게 만드는 것이다. 건축에 있어서도 복잡함과 고통속(보거나 경험하는 사람의 인지과정)에 이전과는 전혀 나른 새로운 의미를 창소하게 뇌는데 이는 필수적으로 관찰자의 의식이 투입되는 개입과 참여를 전제로 한다. 이렇게 재생산된 의미는 또 다른 의미를 내포하면서 다음 관찰자의 개입을 통해 새로운 의미로 재생산되는 과정을 반복한다.[34] 이러한 과정을 통하여 생산된 직물과 텍스트, 공간 등은 다양한 의미의 텍스트를 재생산할 수 있는 구조와 담론과 풍부한 의미를 내포한 공간으로 탄생하게 된다.

데리다 역시 해체의 의미를 잘 전달하기 위해 많은 은유를 사용했다. 해체주의를 설명하는 키워드는 매우 다양하다. 앞서 살펴본 바와 같이 해체는 진정한 의미(진리)를 드러내기 위해 다양한 은유의 방법을 사용하고 나면 그 수레를 버리게 된다. 블루머는 사이의 철학에 대한 난해한 개념을 보다 쉽게 설명하기 위해 데리다의 철학을 설명하는데 있어서 많은 비유적인 키워드들을 사용하고 있다. 양피지, 조개무지, 지도, 동굴, 선박, 용기, 상형문자, 트로이 목마, 돌, 파편, 파마콘, 로케토, 짜기 이중교차, 거울, 패치워크 patchwork, 바벨탑, 글자, 암탉 인공부화장, 양피지(팔리프세스트) 등이 그것이다. 특히 그녀는 해체전략을 설명하기 위해 다양한 단어들을 도입하고 있다. 블루머는 저서 "건축과 텍스트: 피라네지와 조이스이 각본"에서 이러한 과정을 만들어내는 다양한 키워드들에 대해서 다음과 같이 정리하고 있다.

34) 여기서 양피지와 조개무지는 다양한 의미들이 중첩되고 쌓여있는 역사 및 기억이 중첩되어 쌓여있는 것을 의미하며, 동굴과 트로이 목마 등은 하나의 의미 속에 다른 의미가 내포되어 있는 Double Coding을, 패치워크와 로케토는 상호교차되는 과정속에 섞여들어가는 것(꼴라쥬의 과정)을 의미한다.

–상형문자

상형문자는 오벨리스크나 서판 등에 새겨진다. 상형문자는 전통적인 관점에서 읽을 수 없는 글쓰기, 억압이 표면화되는 글쓰기를 가능하게 한다. 상형문자는 모여서 글이 되고 텍스트가 된다. 그렇지만 상형문자는 새겨진 공간을 보유하면서 동시에 그림이다. 상형문자는 동시에 드러낼 수 없는 것까지도 드러낼 수 있는 요소를 포함하고 있다. 글씨를 새기면서 공간이 되고 그림이 되는 상형문자는 글쓰기임과 동시에 다른 것(공간과 그림)을 동시에 드러내는 것(표현하는 것)으로 매우 해체적인 비밀스런 특성이 있다. 상형문자는 "글쓰기"가 전통적으로 구성되었던 것처럼 글쓰기가 아니고 그와 같이 "그림"도 아니다. 그것은 사이 공간에서 작용하면서, 글쓰기와 그림 사이에서 진동하고 있다.[35)]

–동굴(토굴)

피라네지의 동굴Carceri 시리즈가 있는 것과 같이 그로테스크한 동굴crypt에는 비밀과 신성한 것이 보존될 수도 있는 비밀의 허공, 매장실의 기능이 있다. 이 주체와 자연, 역사, 신화, 그리고 정신분석은 전적으로 구별할 수 없도록 서로를 미끌어져 들어가고 나오고, 주위를 돈다. '토굴crypt'이라는 애매모호한 앤블럼화와 그림과 글쓰기 사이의 그 모호한 입장에 있다. 교차적인 주체로 작용할 수 있는 동굴의 주체는 사상과 언어를 구조화하는 이분적 관계로 표현될 수 없다. 주체에는 피할 수 없이 위반하기 쉬운 것이다…[정액, 월경액, 소변, 대변, 토사물, 눈물과, 흐느낌, 절규, 울음과 웃음]이 있다. 바타이유가 말하는 침범과 지각의 현상학적인 신체경험이 교차하는 장면이다. 피라네지의 동굴Carceri 동판화 연작은 이러한 내적 개념에서 구축된 것이다. 이것이 바로 현상학과 해체주의의 접합지점이라고 할 수 있다.[36)]

35) 같은 책 p.219 부분인용. 그림이면서 동시에 글자적 의미를 내포하며 암각으로 인해 글자 자체에 공간적 속성이 내포되어 있다.
36) 같은 책 p.207 부분인용. 동굴은 보관할 수 있는 장소이며 비밀스럽게 무언가 신성한 것이 보관되는 장소이며 역사, 기억, 무의식의 장소이다.

–간격(틈)

“공간사이”에서는 신체가 둘 사이의 관계를 파악하기 위해서 탐험하거나 헤매이게 된다. 그 가운데 그 공간이 의미하는 것을 신체가 파악하게 된다.(지각의 현상학) 전통적인 알레고리 회화는, 언어적인 것과 그래픽적인 것 사이의 공간과 관련되는 해석과 바라보는 조작자가 딸린 해석자를 필요로 한다. 간격이란 inter(“~의 사이, 가운데”)와 vallum(vallus 즉,“기둥이나 말뚝”에서 기원하는 “말뚝이나 벽”)과의 결합의 결과로 나타나게 된다. 간격은 공간을 점유할 수 있는 공간이면서 문자적으로 “벽 사이”를 의미한다.[37] 간격에서 신체는 항상 움직임과 헤맴이 이루어진다. 신체의 움직임과 경험, 침범 등은 모두가 지각의 경험과 관련된다.

–로케토rochetto

라틴 단어 rochetto는 “던져지는” 것을 의미한다. 던지는 것throwing은 낚시줄(탄도를 보여주는)을 던지거나 그림자(발사를 나타내는)를 던질 때와 같이 내던져지는casting 것이다. 던져 올리는 것은 위에 있는 내용물을 비우는 것이고 분출되는 토사물이다. 로케토가 서로간에 왕복하는 것은 언어와 글쓰기의 형태가 서로 충돌해 들어가고 혼합되고 항구적으로 변형되고 그들의 가장 조화되기 힘든 타자성-강력히 단언 할 수 있는-을 통하여 감정이 생기는 [바벨]탑과 같은 존재가 된다.[38]

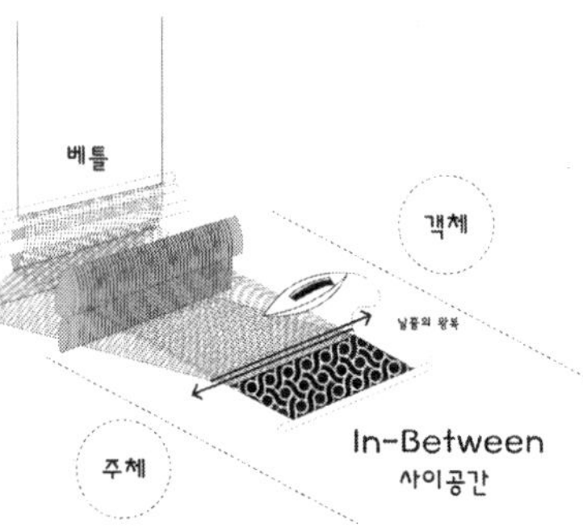

70

이것의 의미는 마치 베틀의 관계와 유사하다. 베틀의 실패(rochetto와 유사)는 주체와 개체사이를 끊임없이 왕복하는 가운데 기존의 관계로는 드러낼 수 없는 것을 드러내는 과정이며 그것은 천

37) 제니퍼 블루머, 조이스와 피라네지의 각본, 임기택 역, 시공문화사, 2006, p142 부분 인용
38) 같은책 p240 부분인용. 로케토는 계속해서 왕복하면서 직물을 짜는 베틀의 실패이다. 계속적으로 왕복하면서 직물의 문양을 통해 무언가를 드러내게 하는 역할을 한다.
70. 주체와 객체 사이의 상호교차와 의미화 과정

이 짜여지면서 드러내는 무늬와도 유사하다. 테레우스와 프록네 그리고 필로멜라의 신화는 직물을 짜는 행위의 의미를 나타내는데 대한 좋은 예로서, 프록네의 남편이 친여동생인 필로멜라를 강간한 이후 그 사실을 발설 못하게 혀를 잘라내지만 동생은 베틀에서 직물로서 상황을 묘사하는 그림을 짜넣음으로써 사실을 알려준다. 이와 같이 상호교차를 통한 의미화는 드러낼 수 없는 것들을 짜기weaving라는 상호교차의 과정을 통해 의미를 드러나게 하는 작업을 수행하는 것이다. 이 신화는 억압되거나 무시되거나 숨겨졌던 것을 온전하게 드러낼 수 있는 해체주의 담론을 정확하게 상징하고 있다.

–좌우교대서법

좌우교대서법이란 황소가 밭을 오락가락 쟁기질하는 것(왼편에서 오른편으로 그것은 그 다음 줄은 오른편에서 왼편으로 쓰는 방식)으로 두 가지 다른 방향으로 흐르는 글쓰기이다. 이것은 텍스트와 전통적인 의미 사이의 공간에서 왕복하며 의미화의 작용을 하는 것을 상징한다. 그것은 데리다의 글(교차 댓구법, 파마콘, 추가, 차연)에서 적은 것을 언급하는 것뿐만 아니라, 이러한 종류의 모호성에 대한 교차적인 상호텍스트성을 의미한다.

이 행위는 끊임없이 왕복하면서 상호간의 지향성을 계속해서 만들고 그 과정에서 드러나지 않았던 의미가 드러나고 의식의 종합을 통해 하나의 커다란 이미지를 만들어가는 과정(은유화)은 결국 복잡한 연산과정을 통한 새로운 '의미화'의 과정이다. 앞서 언급한 페넬로페(율리시즈의 정숙한 아내)는 실을 짜고 푼다. 그녀의 세계는 그리드 체계에 있고 규칙적인 방식으로 천을 짜지만 그 가운에 문양이 드러나게 된다. 구조 속에 있지만 무언가를 드러내는 것이다. 이것은 로케토와 함께 전적으로 해체주의의 중요한 키워드인 상호텍스트성을 상징하는 용어로서 양쪽을 끊임없이 왕복하는 가운데 억압되었던 무언가가 드러나는 것을 효과적으로 보여줄 수 있다.

-파편 Fragment

파편이 있다는 것은 어떠한 강력한 힘에 의해 조각이 나는 행위가 있었다는 것을 전제로 하는 것이다. 분해되고 부수어지는 것은 결합되고 위치를 이동시킬 수 있다는 점에서 언어적 구문론과 유사한 부분이 있다. 흔적이 있는 것 속에서 무언가 의미하고 말할 수 있는 방법이 있다. 파편더미와 폐허 위의 폐허는 우울증환자 벤야민이 역사라고 부른 것이다. 그리고 여기서 역사와 알레고리가 돌로 구축된(건물이 된) 배경이 교차하고 있다. 이 교차나 상형문자 속에 암호화 되어있는 비극Trauspiel은 벤야민의 텍스트에서 이 교차배열을 나타낸다. 1권에서 언급한 바와 같이 폐허는 이전에 무언가 화려한 것, 무언가 강력한 에너지가 넘치는 것이 있었음을 전제하는 것이다. 제임스 조이스의 '율리시즈'에서 볼 수 있듯이 파편화된 이야기들은 관찰자의 알레고리적 연산에 의해서 새롭게 조합되는 특성을 보인다.[39)]

–파마콘 Pharmakon

파마콘은 조제술 혹은 약이라는 의미를 가지고 있는데 이것은 독으로 독을 치유하는 방법으로, 서로를 투과하고 침투하여 상호작용을 하게 된다. 이렇게 파마콘의 이중적 성격은 독이자 약으로서의 역할을 하게 된다. 그래서 데리다는 파마콘의 조제술에 대해서 다음과 같이 이야기한다. "[파마콘]은 언제나 액체와 같이 투과한다. 그것은 흡수되고 푹 빠지고 내부에 소개되는데, 그것은 우선 활자의 단단함으로 기록되고 곧 그것을 약물과 약조주(술)와 마실 것, 독약들로 침범하고 범람시킨다. 액체 속에서 대립적인 것들은 좀더 쉽게 섞인다. 액체는 파마콘의 요소이다".(데리다, "플라톤의 조제술" 씨뿌리기, 152) 액체는 모자이크의 모체이다. 그것은 [돌]들 사이에서 흐르고 있다. 그것은 그것들을 분리하고 합치는 역할을 한다. 파마콘은 비실체적, 비자가적 자기 동일성을 부정하는 것이다. 그것은 같기도 하고 다르기도 한 이중부정을 의미한다. 그것은 약인 동시에 독이기도 하다. 독을 치유

39) 같은 책 p.100 부분 인용.

하기 위해 독을 사용하여 약과 같이 치유되는 것과 같은 원리이다.[40]

–패치워크 Patchwork

패치워크는 여러 가지의 조각들을 이용하여 기워서 다양 다종의 새로운 전체로 다시 태어난다. 하나의 조각들은 큰 의미를 가지고 있지 않지만 각각의 조각이 스스로의 특성을 지니면서 모여서 새로운 거대한 전체가 된다. 전체의 특성을 나타나게 하는 것은 해체주의의 상호텍스트성의 의미화 과정으로 요약할 수 있다. 아울러 피라네지의 그림은 미로와 같은 조각들이 무언가 더 큰 것을 만드는 것이고 양피지와 같이 [패치워크 만들기]로서 전체가 되고 이것은 조이스의『율리시즈』[41]와『피네간의 경야』를 떠올릴 수 있다. 율리시즈의 다공성porosity과 다해석적 측면은 처음과 끝이 존재하지 않으며 어디서부터 읽어도 전체를 알 수 있기도 하고 전체를 다 읽어도 모든 것을 다 알 수 없는 것 같은 느낌이 들 수도 있는 구조이다. 부분 부분이 모여 전체를 이루는 패치워크의 작업과 유사한 것이 해체적 사유의 키워드이다.

–미로

미로를 빠져나가기 위해서는 자신의 앞에 펼쳐지는 공간을 경험하면서 동시에 전체적인 구조를 생각하고 연상하면서 풀어나가야 한다. 신체의 이동과 감각적 요소와 공포를 동시에 경험하면서 헤쳐 나가야 한다. 피라네지는 그의 에칭에서 공포와 관련된 많은 요소들과 어두움을 보여주면서 연상작용을 일으킨다. 캄포 마르지오는 넓은 관점에서 혼돈적이지만, 그것은 내부적 질서의 공간들이 있다. 미로 속에서 길을 잃고 헤맬 때에의 경험은 신체의 경험과 지각과 밀접한 관련을 맺게 되며 신체가 직접 미로를 경험하면서 머릿속에서 미로의 구조를 연산화하여 출구를 찾는 과정이 의미화의 과정으로 상징화 된다.

40) 같은 책 p.235-236 부분 인용.

41) 소설『율리시즈』는 기존의 구성방식과는 완전히 다른 새로운 방식을 시도한 작품이다. 스티븐 디달러스와 레오폴드 블룸이라는 두 주인공이 더블린에서 하루 동안 겪는 모험을 그리고 있으며 어느곳을 먼저 읽어도 되는 다차원의 공간구축적 구성을 취하며 독자로 하여금 연상하고 조합하도록 유도하고 있다.

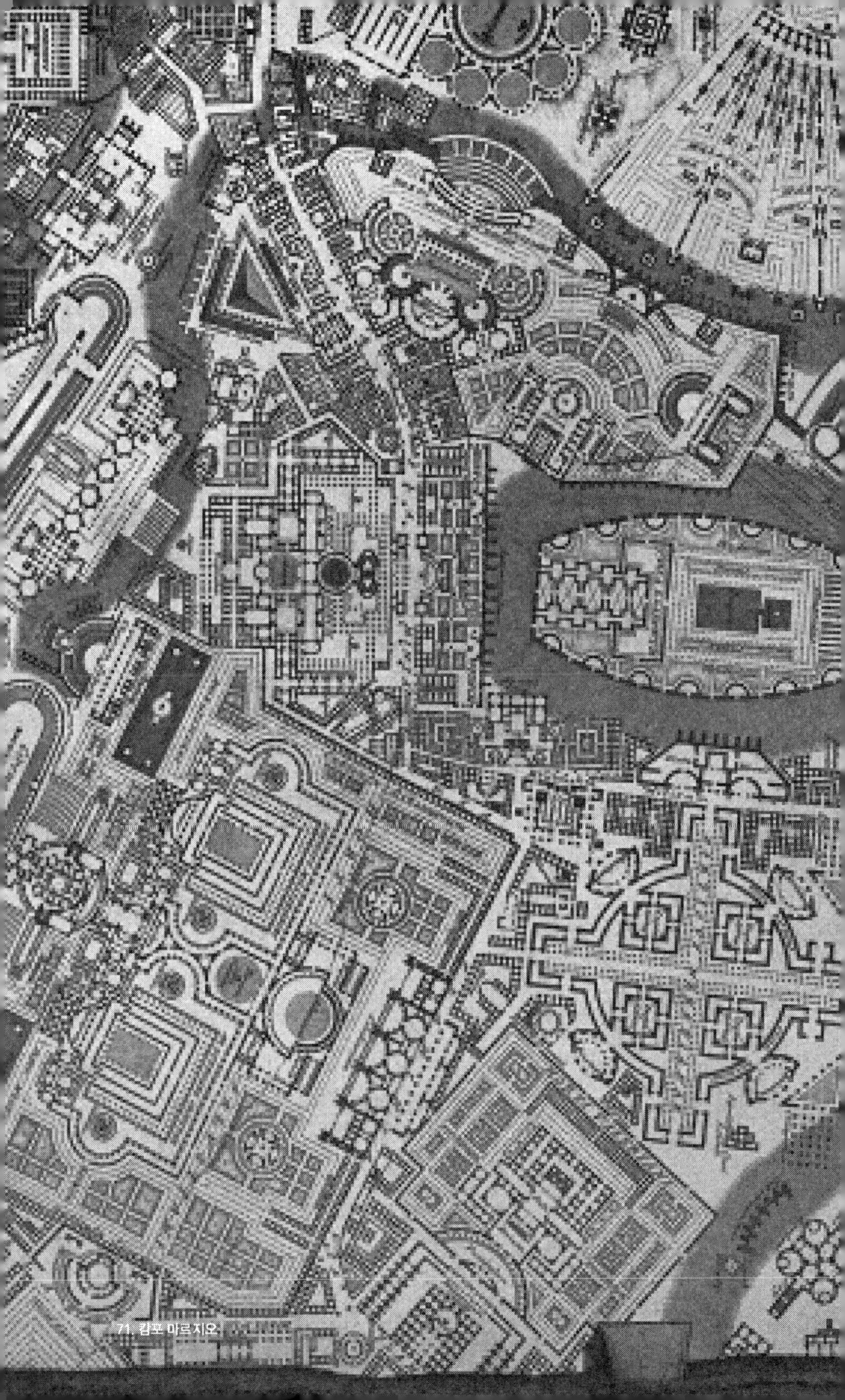

71. 캄포 마르지오

–암탉

암탉은 T자 형태의 발을 가지고 돌아 다니고 씨를 먹고 배설하고 분주히 돌아다니는 상징물로서 교차댓구법 내지는 계속해서 주체와 객체 사이의 수레역할을 하는 작용을 하며 의미를 전달하는 역할자로서 작용하고 있다. 피네간의 경야에서는 다양한 언어의 동음이의어와 같은 내용들이 교차하면서 새로운 의미와 구조를 창조해나가는데 그것은 씨를 뿌리고 교접하는 행위와 비슷하다.[42)]

–선(비선형의 선)

선들이 교차할 때 점들이 생성된다. 수평면이 교차할 때는 선이 생성된다. 솔리드한 물체를 가로지르는 것은 평면을 생성시킨다. 가로지르는 것은 n에서 n+1을 만드는 씨뿌리기이다. 가로지르기 — 잘려진 것들과 단면들 사이의 관계—는 앤블럼이고 건축가의 도구이다. 그것은 건축의 포괄적인 모형인, 관습이 예술이라고 부르거나 다른 말로 과학이라고 불리는 것을 가로지르는 지점에 위치시킴으로써 이름짓는 실제를 형성한다. 건축적인 대상을 만드는 것은 교차의 조작을 필요로 한다. 그 재료의 힘에 반응하는 수용능력의 교차와 그것들에 작용하는 힘들, 기능적인 급박함과 형식적인 미학의 교차, 대상을 만드는 사람과 그것을 소유하는 사람과의 교차, 그리고 이러한 종류의 또 다른 까다로운 교차이다.

위의 키워드들의 면면을 살펴보면 모두가 해체주의 건축의 어휘를 만들어내는 특성들을 가지고 있고 숨겨지거나 억압된 것들이 드러나면서 교차하고 그것이 형태적 의미적으로 해체적인 특성을 만들어내는 조형적 가능성을 지닌 것임을 확인할 수 있다. 복잡한 연상화의 과정은 이러한 키워드들의 특성과 밀접한 관련성을 지니고 있다.

42) 같은책, p218내용 정리 및 일부 인용

5011 알레고리의 특성과 해체주의 건축어휘와의 상관성

앞서 살펴본 바와 같이 알레고리와 해체주의 담론은 매우 밀접한 관계가 있음을 확인할 수 있다. 건축에서 알레고리적 표현은 중첩된 투시에 의한 건축형태나 파편화된 건축형태, 균질적이고 모호한 공간적 한계를 지향하는 건축 형태 등이 나오게 만든다.

중첩되거나 파편화된 표현은 양피지와 같이 역사와 기억의 저장소인 건축이 가지는 본래의 특성과 같이 역사적 장소나 역사적 기억의 매개물이나 역사적 기억의 요소들을 파편적으로 조합하여 꼴라주 시키거나 선의 중첩이나 요소들의 중첩을 통해 알레고리적 과정을 거치게 하는 것을 말한다. 세 번째의 표현은 한눈에 공간이 파악되기 힘든 다양한 동선과 선적 요소들이 교차함으로써 시간과 동선의 이동에 따라 자신의 이야기를 만들어 나가는 과정이 포함되어 있는 공간을 말한다.

알레고리적 과정은 역사와 기억과 같은 기존 텍스트들의 다른 의미의 변화 가능성 속에 의미의 상호교차와 변증법적 혼합을 실시하고 교차하고 침투하는 과정을 통해 재생산되는 것이다. 이를 통해 그것은 이전과는 전혀 다른 새로운 텍스트를 생성해 내게 된다. 이러한 알레고리화의 공식과 같은 과정을 피라네지의 동판화에서는 몇 가지의 방법으로 표현하고 있다. 그는 역사적 기억과 의미의 퇴적을 고전적 오더와 역사적으로 유명한 건물들을 동판화에 상징적으로 배치함으로써 알레고리화의 기초적 요소를 제공하고 있다. 그의 동판화는 전체적으로 어두운 공간을 보여주고 있는데, 알레고리화의 과정은 두뇌의 심층적과정 속에서 복잡하게 얽혀 들어가는 다양한 기억들이 교차하면서 만들어지므로 어두운 공간이 밝은 공간보다 그러한 이미지화 과정에 더욱 효과적이다. 이러한 과정은 단순한 흐름도와 같은 체계적 과정이 아니라 모순적인 이미지들이 엄청난 속도를 가지고 역동적으로 상호교차하고 불확정적으로 상호관입하며 심층적인 새로운 이미지를 만들어 내는 과정이다. 피라네지는 실제 세계를 초월하는 상상(미로 위에 있는 도시)의 참여를 통해 결코 빠져나갈 수 없는 미로를 경험하는 듯한 극심한 공포를 보여주고 있다. 이 장면에서 우리는 지각의 현상학적인 측면으로 직접적인 신체—감각적 체험이 공간과 일체화되는 경험을 하게 된다. 이 부분이 바로 해체적 사유와 지각의 현상학이 교차하는 지점이라고 할 수 있다.
그 공간은 다수의 언어와 글쓰기의 형태가 서로 충돌해 들어가고 혼합되고 항구적으로 변형되는 공간이며 그것들은 가장 조화되기 힘든 타자성을 통하여 이미지가 생성되는 바벨탑의 이미지이다. 건축계에서 논의되었던 '틈'과 '간격'에서 벌어지는 다양한 이벤트 및 프로그램의 충돌과 경계해체 현상도 이러한 영향 하에 이루어졌던 주제들이다.
버나드 츄미는 건축의 정의를 "논리와 고통, 이성과 번민, 개념과 행복의 교차점"에 위치하는 것으로 생각했다. 이 과정에서 공간적 시각으로 보면 거대한 공간 속의 다양한 요소들이 상호 교차하고 관찰자가 공간 속에 참여하며 끊임없이 이동하면서 공간상의 이벤트를 인지하며 이미지를 만들어 가는 과정과 같다. 다음은 피라네지 작품과 현대건축어휘의 상관성을 나타낸 것이다.

피라네지의 건축어휘	구 분	현대건축의 어휘
공간 사이로 보이는 공간의 팽창에 따른 거대함 감지 어두움에 용해되는 거대함	**거대함**	렘 쿨하스의 Bigness의 개념, 메트로시티의 거대 건축에 인지되는 정체성
지옥, 무덤 등 죽음의 냄새 주체의 시각적 공간 참여가 물질속에 부여하는 생명	**어둠(감옥)의 이미지**	Mall 化, 네트워크화된 동선, 지하 및 하부에 대부분의 교통위치
각양의 작업도구 및 사람들 및 공중을 가로지르는 공중 부양교들, 파편화, 조합	**역동성**	츄미의 이벤트 공간 공간의 파편화, 공간의 시나리오化
앞부분의 공간압축과는 대조적으로, 사이로 보이는 공간들의 팽창모순	**공간의 모순 (통합 및 전체적 시점)**	모순된 프로그램의 충돌 연속된 슬래브(Continuous Slab) 폴딩(Folding)
수직적 접점에 위치한 오브제, 숨겨지는 소실점, 공간비약의 상상 가능성	**불확정성**	상호관입, 다차원적 시점

표. 피라네지작품과 현대건축어휘의 상관성

-벤야민의 아케이드 프로젝트와의 교차점

해체주의가 위세를 떨치고 있었던 시기에 벤야민의 담론 역시 활발하게 논의되었다. 벤야민의 사유와 방법론은 일정 부분 해체주의적 사유와 밀접한 관련이 있기 때문이다. 건축의 해체주의가 활발히 담론화되고 표현되던 시기(80년대부터 90년대까지)에 벤야민의 사유는 계속해서 언급되었다. 그가 죽을 때까지 작업을 하면서 끝내지 못했던 『아케이드 프로젝트』는 당시로서 사용가능했던 매체(산문, 이미지, 그림, 삽화, 텍스트, 등등)의 해체주의적 방법론 등 알레고리적인 특성을 통해서 당시의 도시를 바라보려 했고 그것을 통해서 당시의 모더니티가 진행되고 있던 도시를 읽어내고 드러내고자 했다. 이에 대한 내용을 1권에서 다룬 바가 있다.(1권 p137 참조) 그러나 그것은 약간 다른 차원의 알레고리이다. 양립 불가능한 신학과 사적 유물론을 통합해서 바라보면서 상호교차를 통해 사이나 틈새의 영역을 통합해 사유하려는 시도는 앞서 살펴보았던 상호텍스트성, 산종, 차연과 알레고리적 통합의 사유와 매우 유사하며 이 지점에서 벤야민이 추구했던 가치와 방법론은 현상학적 사유와 해체적 사유가 교차하고 있음을 간파할 수 있다. 이러한 방법은 피라네지와 조이스가 사용하는 방법론과 유사하며 또한 현대 건축가들이 사용하는 해체주의 공간어휘와 키워드들과도 밀접한 관련이 있다.

앞서 살펴 본 피라네지의 동판화에서 보여지는 이미지는 복합적으로 조합되며 볼륨들이 거대함, 환상 및 어두움 등의 요소들로 조합되는 표현이 주를 이루었다. 그는 거대한 공간의 볼륨과 순수한 입면 속에 여러 가지 다른 성격의 복합적 프로그램을 집어 넣으면서 작업의 역동적 모습, 공중 부양다리들의 중첩과 이동의 모습, 공간의 모순들이 복합적으로 나타나는 어휘를 즐겨 사용했다. 또한 외피와 내부 공간과의 분리, 여러 켜(레이어)의 경사진 슬라브의 표현, 그로 인한 한 시점에서 다차원적인 공간 및 움직임의 인지 가능하게 했고 통합된 공간에 현대공간으로 치환하면 불규칙적인 형태의 엘리베이터, 에스컬레이터와 같은 동선들이 교차되면서 예상 불가능한 공간의 전개를 가져오게 하여 역동적인 다차원적 공간의 느낌을 주게끔 했다. 당시에는 건축기술이 뒷받침 될 수 없어서 구축할 수 없었던 상상의 대공간, 현대적 의미의 공간을 창조해 낸 것이었다. 특히 피라네지의 구축의 어휘로 사용되고 있는 것들 중에는 참여의 의미로 제시되는 것들이 많다. 특히 수용적인 공간들과 필연적으로 따르게 되는 알레고리화의 과정들이 일방향적인 공간의 위계를 만들어내는 모던초기의 건물과는 달리 다원화되고 혼성화되는 현대건축의 어휘와 많은 부분 유사한 요소들이 존재한다. 이렇듯 2권에서 살펴보았던 수용미학적 측면(2권 p104)과 알레고리화의 과정은 근본적으로는 헤겔의 매개적 방식으로 공간이 진보하고 있음을 보여주는 것이며 이것은 모든 예술과 문화 부문에서 관객들과 소통하려 하는 의지의 산물이라고 할 수 있다. 그 공간은 경계 혹은 사이In-Between를 통해서 현실과 비현실 사이의 특이성을 끊임없이 교환하면서 역동성을 조형화하고 분리와 통합이 공존하는 균형상태를 이루고 있다. 그런 점에서 피라네지의 공간은 현대건축이 여러 건축가들이 즐겨 사용하고 있는 사이공간과 하부공간의 이야기들이 교차하는 시나리오와 형태들을 적절하게 구현하고 있는 것이며, 현대성을 적절하게 반영하고 있다. 해체주의 건축에서 강조하고 있는 사이공간과 표현 면에서의 다양한 건축언어를 통해 차연과 산종의 건축을 이루어내고 있다.

현대 건축공간에서는 거대한 공간을 통해 도시의 이미지를 대표하고 외적 형태는 대체적으로 도시에 순응하거나 오히려 유동적으로 흡수하는 유기적 형태를 취한다. 반면 내부는 바로크 공간과 같이 통합적인 역동적인 공간을 만들어 내면서 사이공간에 다양한 건축요소들과 이벤트 요소들을 배치하고 입, 출구의 다양성 동선의 자유로움, 폴딩과 같은 요소들을 사용한다. 그런 효과는 파편화되어 본문에서 언급한 알레고리화 과정을 거치게 만든다. 현대건축가들 중에는 그의 이미지를 차용하거나 한편으로 언급하면서 그러한 알레고리적 가치와 공간체계를 중시하는 건축가들이 다수 존재한다. 많은 건축가에게 피라네지의 작품은 현대건축공간의 진정한 의미의 해체적 가능성에 영감을 주었다는 점에서 의미가 있다.

해체주의 건축가의 건축론과 건축작품

해체주의는 근본적으로 글쓰기에 대해서 문제를 제기하고 사유한 체계이므로 언어학과 밀접한 관련을 맺고 있으며 작품 초기부터 수사학적(언어학적)으로 실험을 거듭하고 있었던 아이젠만과 근본적으로 친화력을 가지고 있었다. 해체주의 건축을 추구했던 가장 대표적인 건축가는 피터 아이젠만과 버나드 츄미를 손꼽을 수 있을 것이다. 그 외 해체적 성향을 보이는 몇몇 건축가에 대해서 살펴보도록 할 것이다.

5012 피터 아이젠만의 해체주의 건축 실험

해체주의 사유는 이성적이고 합리적인 사유방식으로는 드러나지 않는 부분, 무시되었던 부분, 무의식의 영역을 수면 위로 떠올리게 하는 것과 언어적 체계로는 드러나지 않는 것을 드러내게 해서 안정화시키는 것에 근본적인 취지가 있으며 이 방법론은 자연스럽게 감정적인 부분, 심리적인 부분이 많이 포함될 수밖에 없다. 해체주의 시기에 지각의 현상학에 대한 논의가 함께 담론화 되었던 근본적 원인 중 하나는 인간의 신체를 매개로 하여 움직이면서 기억과 감정이 교차하는 구조를 만들어 주체와 객체가 하나가 될 수 있는 방안이 활발하게 담론화되며 연구되었기 때문이다. 아이젠만의 건축의 경우에는 언어적인 것에 집중하여 기존의 구축체계를 벗어날 수 있는 수사학적 구조에 대해 실험을 수행했고 이를 실행하기 위해 다이어그램을 기본으로 하여 작업을 수행했으며 다시 모든 결과물들은 전적으로 시각적인 변형에 지나지 않았다는 특성이 있다. 해체주의 건축이 빠르게 소멸하는 길을 걸었던 근본적인 이유 중 하나는 바로 시각적인 것에 너무 치우친 언어적 실험에 집착했다는 점을 들 수 있다.

아이젠만의 초기의 실험에서는 모더니티의 진정한 이상을 회복하고자 하는 열망이 있었다. 그의 초기 건축은 구조주의에 언어적으로 실험을 계속 해왔기 때문에 자연스럽게 언어학자인 노암 촘스키의 영향을 받았다. 그는 언어에 내재해 있는 깊은 구조를 이해하고 언어의 근본구조를 연구하여 건축에 적용하려고 했기 때문에 형식과 구조에 깊은 관심을 보였다. 3권(2권 p138 참조)에서 살펴본 바와 같이 주택 I 부터 주택 X 까지의 아이젠만의 실험이 대표적이다. 초기의 아이젠만은 철저한 구조주의자의 자세를 견지했다. 이후 그는 시대의 변화와 흐름에 따라 후기구조주의자로 그리고 데리다와 밀접한 관계를 맺으며 해체주의 건축의 선두주자가 되었다.

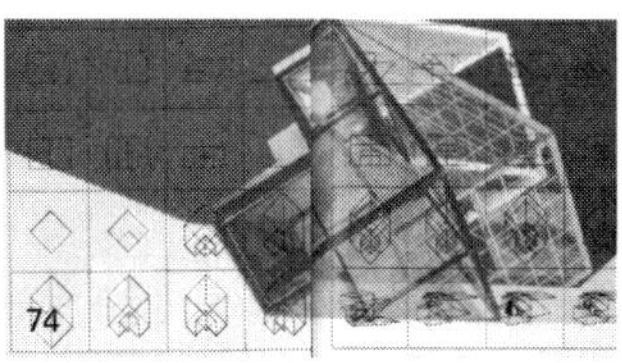

해체주의 건축에서는 건축의 언어적 요소를 해체적인 방법을 사용하여 구축시키되 포스트모던의 단순한 절충방식이 아니라 주체와 객체 사이의 끊임없는

72. Carnaregio Town Square 프로젝트, 1978
73. Fin d'Ou T Hous 1983
74. House 띠 Even Odd, 1980

대화를 통해서 주체와 객체의 관계에서 드러나지 않는 것을 드러낼 수 있게 만들었다. 이와 같이 그는 기존방식으로 구축된 것의 대리 보충의 세계에서 탈출하게 만드는 것이 중요한 핵심임을 언급한 바 있다. 또한 해체건축의 언어적 측면을 강조하되 사회의 억압적인 것을 해독하여 드러낼 수 있어야 한다. 주체와 객체의 이분법적인 요소들을 유지하되 사이의 것들을 온전하게 드러나게 할 때에 해체의 진정한 의미가 완성될 수 있는 것이다. 이분법적인 대립항에서 삭제, 흔적, 재추적만이 아니라 개념적인 억압이 해체라는 작업을 통해 진정한 의미의 이분법적 폭력과 억압에서 해방될 수 있다.

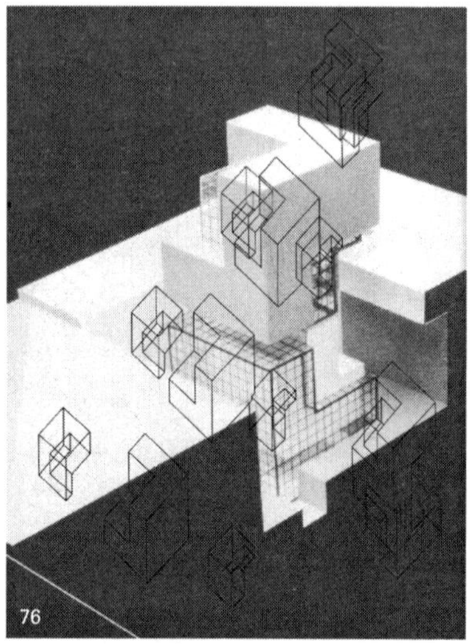

3권 구조주의 사유에서 살펴본 바와 같이 아이젠만은 뉴욕 파이브New York Five 시기 이후, 주택 I 부터 주택 X 까지의 실험을 진행하면서 고전적 건축어휘와 모던적 건축어휘의 변형을 통해 전통적 구축방식의 변형/ 대안적 과정을 다이어그램으로 표현했다. 그의 건축의 발전방향은 자연스럽게 주체와

75. House IV 실험
76. House XIa 실험

객체 즉 주체와 건축물의 구조 요소간의 추상화된 사인과 관련된 요소들을 가지고 실험하는 것이었다. 아이젠만은 포스트모던풍의 상징적인 것에는 관심이 없었다. 이것은 로버트 벤츄리의 태도와는 상당히 다른 것이다.

그의 이러한 태도는 주택 I 부터 주택 X 까지 실험으로 요약될 수 있다. 아이젠만은 실험적 건축구성 작품에 추상적인 번호를 부여함으로써 인간의 거주공간인 주택을 더욱 추상화시키는 효과를 가져왔다. 아이젠만은 질감, 색채, 형태와 같이 대상의 감각을 실험했다. 그는 건축물을 요소인 사선, 후퇴, 확장, 압축, 이동의 방법론을 통해 매직나인magic9의 3×3베이bay의 기본구성으로부터 변형을 실험했다. 당시 그의 건축적 실험은 순전히 외적인 시각적인 실험이다. 언어로 생각하면 기본요소들 사이의 문법적(구문론적) 조합가능성의 실험이었다. 기본구성으로부터의 변형, 즉, 하나의 구조를 약간 사선으로 겹치거나 회전하거나 수직의 각도를 비틀어 사선으로 만드는 과정을 통해 시각적 추상성을 실험했다. 그것은 구축하기 쉬운 마분지(흰색의 모델용 보드지)로 쉽게 실험할 수 있는 추상실험이었다. 그런 방식으로 실험했던 대표적인 작품이 주택 I 부터 주택 X 까지의 작품이며 이 작품들은 마분지로 쉽게 실험할 수 있는 것들이었다.

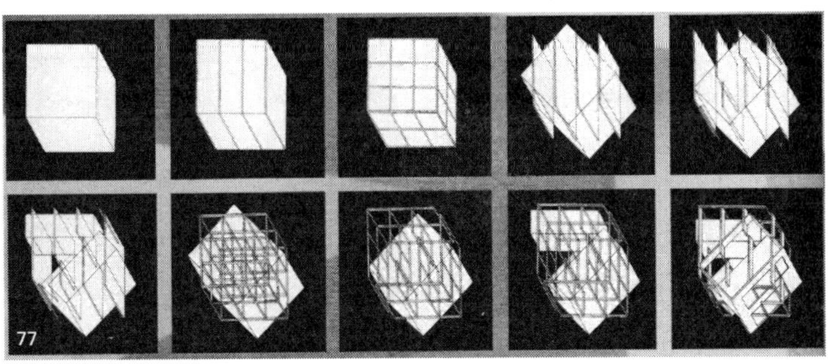

77. House III 실험 1969-71

3×3칸의 9개 정사각형들의 공간을 새로운 3×3칸의 공간들이 각도를 달리해 중첩시키면서 새로운 어휘를 만들어 내게 된다. 그 구조에서 또 다시 다른 구조가 덧붙여지거나 회전되면서 변형되어 각 요소들이 물질성을 떠나 변형되면서 순수하게 시각적인 변화를 가져오면서 기존의 구축방식에서 변화되는 실험을 계속하고 있다. 이렇게 아이젠만의 초기 작품 경향은 철저하게 언어적, 시각적 실험에 기초하고 있다. 그는 이렇게 과정을 중시하면서 Ⅰ-Ⅹ까지의 주택이 변형되는 과정과 언어의 변화가능성에 대해서 탐구했다. 그는 언어의 실험을 통해 변화의 가능성과 그 속의 깊은 구조를 계속해서 실험해 나갔다. 인간의 구축과 관련된 건축분야의 어휘부분에 대해서 그가 실험한 주택 Ⅰ-Ⅹ까지의 내용은 모두가 깊은 구조로부터 시작하여 그것에 대한 가능성과 변화를 시도한 것이었다. 인류 주거에서 공통적으로 나타나는 3×3칸의 9개 정사각형(Magic 9)에서 변화를 주기 위해 회전시키고 요소들을 첨가, 삭제, 사선화 하는 방식은 점차 후기구조주의 혹은 해체주의적 사고로 나아가기 전의 전초적인 언어적 실험이라고 볼 수 있다. 그의 사고의 변화와 발전 과정은 분명 해체주의 사유가 추구하는 해체의 의미를 실험한 것이었으며 본격적으로 해체주의 건축을 표방하고 이후 현재에 이르기까지 아이젠만은 계속해서 해체주의 사유에 근거한 일관적인 방향의 실험을 보여주고 있다.

78. HouseⅡ 실험
79. HouseⅢ 실험

80

건축 형태에 대한 시각적인 실험 프로세스는 언어학자들이 언어에 내재해 있는 구조를 알아내기 위해 문법의 개념이 구축되는 방식에 대해서 연구하는 것과 유사한 모습을 보이고 있으며 이와 밀접한 관련을 맺고 있다.

그의 건축실험은 항상 다이어그램과 모델(모형)로 표현되었다.

주택 I에서 주택 II로 발전되어 가는 과정에서는 대각선 축의 회전을 통해 기존 매스에서 부가적으로 매스가 중첩되고 중첩되는 가운데 매스의 독자적인 움직임을 만들었다. 또 각 요소들이 드러나고 후퇴하는 과정을 통해 3가지의 큐브가 회전되고 뒤얽히면서 구축 요소들을 변형시켰다. 이 과정에서 새로운 공간의 가능성을 계속해서 탐구했다. 이를 통해 의도하지 않았던 구축적 어휘가 발생되었다.

아이젠만은 구조주의 이후 후기구조주의의 한 갈래로 볼 수 있는 해체주의의 구조를 넘어서려는 시도와 기존의 구조로서는 파악되거나 드러낼 수 없는 사이의 구조를 보이기 위해 피라네지와 같이 디오니소스적이고 인간 내면의 심층적 심상에 집중한 사이공간에 집중했다. 점차 그의 다이어그램은 초기의 객관적, 합리적, 수사적 어휘실험에서 더 나아가 사이공간의 잠재성에 대해서 집중하는 다이어그램 연구로 발전해나갔다.

–웩스너 센터 Wexner Center for the Arts

데리다는 주체와 객체의 대립구조에 본질적으로 내재해 있는 모순을 내부로부터 폭로하는데 초점을 두고 해체하는 것에 관심을 두고 있음을 앞서 언

80. House XIa 실험

급한 바 있다. 이런 관점에서 웩스너 센터는 기존 컨텍스트의 해석과 기존 요소들과의 공존 및 드러냄의 해석에 무게를 둔 작품이다. 포스트모더니즘의 말기에 계획되어 실현된 작품인 웩스너 센터는 주택 Ⅰ-Ⅹ까지의 실험이후 아이젠만의 '인위적 발굴' 이라는 해체적 키워드가 실질적으로 실험된 작품이다.

81

82

아이젠만은 이 작품에서 세 가지의 허구인 재현, 이성, 역사를 해체해야 한다는 개념을 수립했고 '발굴excavation'이라는 방법론으로 해체를 시도했다. 그는 발굴(굴착, excavation)을 통해 비선형적 계획을 응용하여 대지가 가지는 주변 맥락 요소들을 사회적이고 역사적인 맥락의 의미로부터 떼어내어 독립된 텍스트화 시킴으로써 이전에 가지고 있던 의미는 사라지고 상호텍스트성을 강조했다.

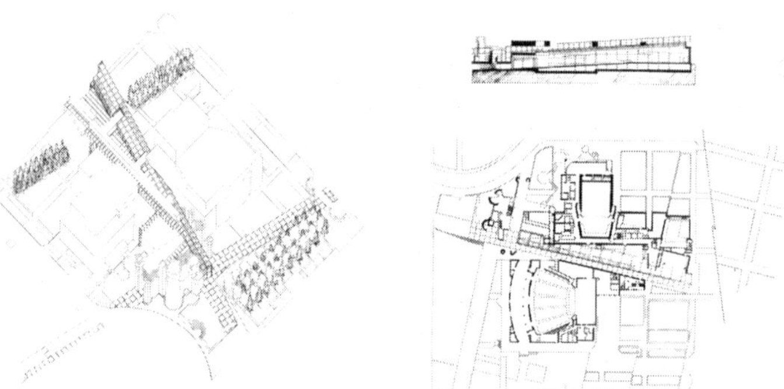
83

81. 웩스너 센터 전경
82. 웩스너 센터 사이공간
83. 웩스너 센터 도면 및 다이어그램

웩스너 센터가 위치한 곳은 오하이오 대학 캠퍼스의 역사적 건축이 존재하는 곳으로, 토마스 제퍼슨이 계획한 국토 격자체계의 일환으로 생긴 오하이오 주의 격자체계의 방향성, 대학 캠퍼스 축의 방향성, 남북 전쟁시대에 존재했던 대지 내 병기고의 흔적 등을 각각 독립된 텍스트로 간주한다. 다음으로 개별 텍스트를 지도상에서 서로 다른 축척으로 중첩시켜 하나의 공통된 중심점을 찾아내며, 이 점을 중심으로 다시 3차원적인 재조합을 척도조정과 함께 조합을 시도한다. 웩스너 센터는 역사적 기억과 관련요소들을 추출하여 대지의 인위적으로 '발굴'이라는 다이어그램을 이용하여 주요 역사적 위치에서 취하여 일종의 텍스트로 분리해서 조합한다. 이후 기존 컨텍스트의 건축적 텍스트를 발굴하고 중첩하여 새로운 건축공간의 의미와 방향성, 잠재성을 드러내는 전략을 취하고 있는 것이다.

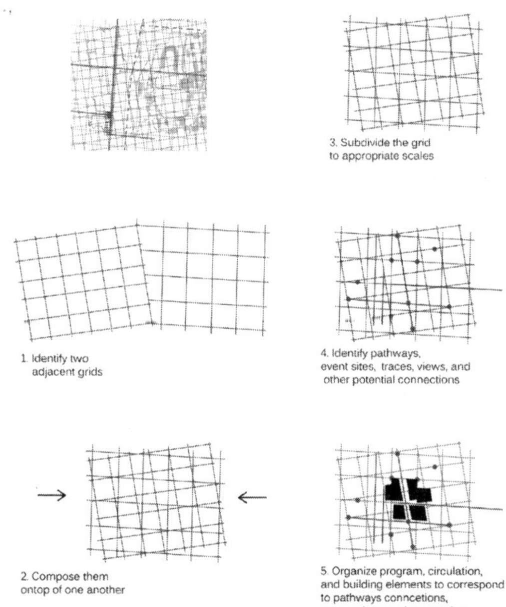

84. 웩스너 센터, 컨텍스트로부터의 축선 도입하기 다이어그램

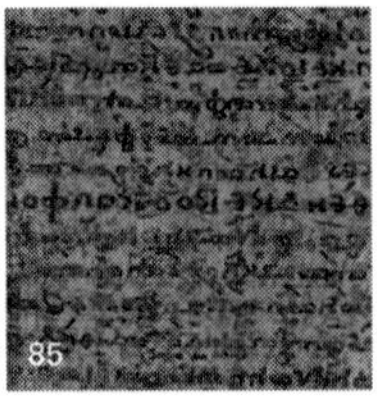

해체건축의 개념에서는 '팔림프세스트(양피지)' 효과라는 키워드가 자주 등장한다. 고대인들은 양의 가죽으로 만든 양피지를 종이 삼아 글을 썼다. 양피지는 무두질을 통해 글씨를 지우고 다시 쓸 수 있었는데 글씨는 지워지지만 완전히 지워지지는 않고 희미한 흔적을 남기게 된다. 해체주의 건축에서는 양피지와 같이 흔적이 남아있는 요소들을 이용하여 기존 컨텍스트를 드러내는 것을 즐겨 사용한다. 이것의 의미는 마치 주체와 객체의 이분법적 사유의 사이에 있는 흔적과 같은 것들을 발굴하는 의미로 사용되기도 한다. 건축으로 생각하면 기존의 컨텍스트에서 역사적 흔적을 발굴하여 현대적으로 재해석하여 공간과 표현을 드러내는 작업을 통해 해체의 의미를 되살리는 작업을 할 때 유용한 개념으로 사용된다.

–베로나 로미오와 쥴리엣 프로젝트 Romeo and Juliet

아이젠만의 주요 작품 중 베로나의 로미오와 쥴리엣 성의 설계경기 계획안은 해체주의 건축작품의 특성을 잘 보여주고 있는 작품이다. 합리적 이성으로부터 시작한 아이젠만의 실험은 그 근본 출발점에서 볼 수 있는 바와 같이 러시아 구성주의적 요소들과 특성을 엿볼 수 있는데 특히 아이젠만은 체르니코프의 계획을, 하디드는 말레비치와 레오니도프의 작품에서 나온 이미지들을 자신의 사유로 결합시켜 표현하고 있다.

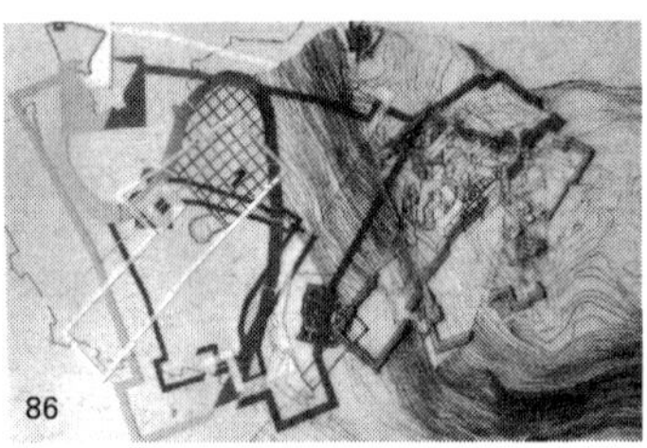

85. 무두질을 하고 다시 쓴 양피지(팔리프세스트)
86. 피터아이젠만 로미오와 줄리엣 성 프로젝트

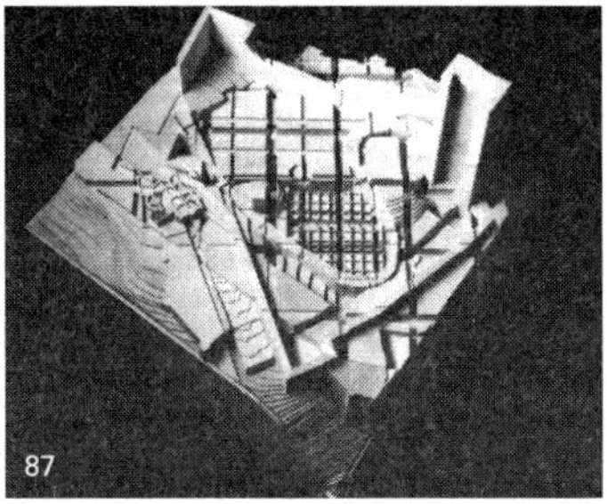

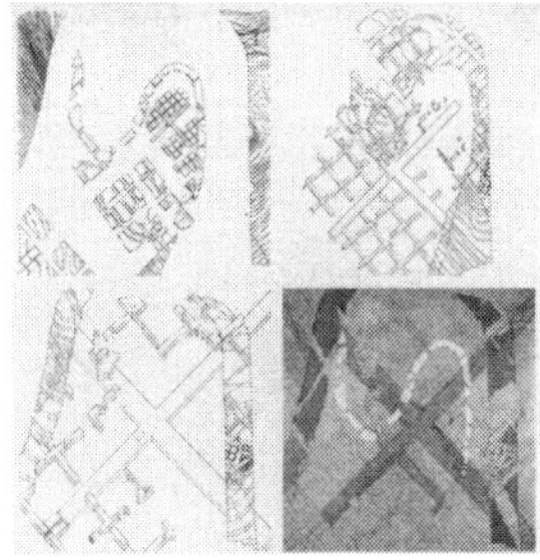

아이젠만은 두 개의 성이 존재하는 대지 위에 해체의 건축적 개념을 적용시켜 건축적인 형태로 표현했다. 이 건축계획에서는 세 가시 유형의 선이 교차하면서 서사적으로 만나고 있다. 이 작품에서는 다양한 역사적 선이 교차하고 있는데 이 선들은 변증법적인 과정을 거치고 있다고 설명하고 있다. 분리(연인들 사이의 분리)와 결합(연인들의 결혼-교회) 그리고 그들의 변증법적 관계(연인들의 동행과 이별-줄리엣의 무덤) 등이 그것이다.

아이젠만의 작업에서 선형성의 개념이 위상기하학 미시물리학보다는 유클리드 기하학과 고전 물리학에 더욱 깊이 관계되어 있다. 피터 아이젠만은 대지가 기억과 내재성 모두의 흔적을 담고 있는 양피지 사본이면서 지식의 출처로 다룸으로써 대지는 고정되지 않은 것으로 사고 될 수 있다.

–코라 L 작업 Chora L Works

코라는 '장소'를 나타내는 고대 그리스어이다. 코라는 '무엇인가를 담는 용기'를 가리키며 '유지하다 또는 공간을 남겨두다'의 의미이다. 이것은 사람이 점유하고 있는 장소 혹은 채워져 있는 방이라는 의미로 사용된다.

데카르트의 생각은 플라톤의 사유로부터 많은 영향을 받고 있으며 또한 플라톤의 코라chora에서 많은 영향을 받고 있다. 플라톤은 가지적 차원과 감각적 차원을 구분한다. 그러나 코라는 이 사이에 존재하는 제 3의 차원을 의미

87. 피터 아이젠만 로미오와 줄리엣 성 프로젝트 모형사진

한다. 이것은 파괴될 수도 없지만 그렇다고 투과되지도 않기 때문에 가지적 차원可知的 次元이라고 말할 수도 없다. 즉 물질-공간으로 이야기 할 수 있다. 즉, 이성으로 대표되는 데카르트적 사유로는 말할 수 없는 영역을 나타내며 그 부분을 사유하고 있는 것이다.
이 영역은 이성을 통해서 알 수 있는 것도 아니고 감각을 통해서 알 수 있는 것도 아니기 때문에 그 사이를 끊임없이 왕복하면서 엮어내고 짜내어 파악해야 하는 영역이다. 그러면 그 과정에서 자연스럽게 부족하거나 안정화되지 못한 영역이 드러나게 된다.

아이젠만이 즐겨 사용하고 있듯이, 흔적의 요소들을 점을 찍어 선으로 연결하는 것은 단순히 선적이라는 단어로 간주하기 보다는 역사적 흔적의 관계가 네트워크화 혹은 끊임없이 서로를 왕복하는 것이라고 표현하는 것이 더 적절하다. 이 작업을 통해서 그의 작업은 적어도 땅과 건축을 연결해 주는 매개체가 되고 있다. 땅과 건축을 매개하면서 그것을 모티브로 새로운 형상의 건축 공간과 매스를 만들게 된다. 건축물은 단순히 건축물이 아니라 새로운 대지의 역사를 새로운 대지에 세우면서 다른 한편으로는 새로 기입하는 것이다. 새로 기입하면서 기존의 것들의 의미를 드러나게 하는 것, 그것이 바로 해체의 진정한 의미이고 온전하게 드러내는 것이다.

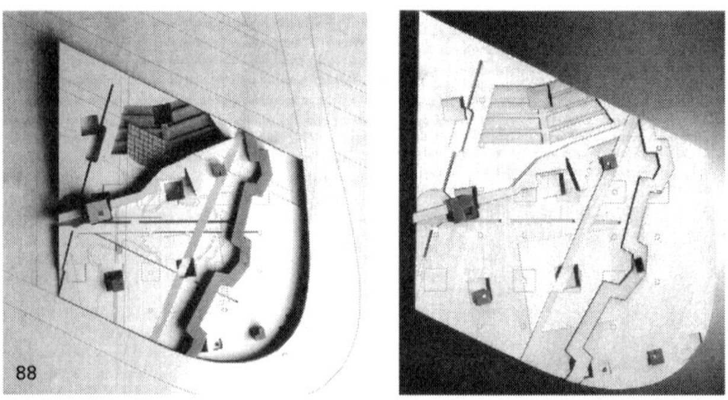

88. Chora L Works

앞서 이야기했던 바와 같이 해체주의 건축에서 흔적을 중요시하는 것은 바로 무두질을 통해 팔림프세스트(양피지) 작업이 이루어지는 과정과 유사하며 다시 말해 그것은 흔적 위에 새로운 텍스트를 새로 기입하면서 옛 것과 새 것의 상호 교차와 의미의 발굴과정을 통해 새로운 의미화를 만들어나가는 과정으로 생각할 수 있다. 아이젠만은 해체주의를 이끌던 시기에 땅이 가진 흔적들을 이용하여 잠재성이 현실화되는 작업을 수행하는 작품들을 선보여 왔다. 그는 흔적의 해석을 통해 직접적으로 땅과 건축을 접합시키고 있다. 그래서 기존의 형상/배경을 극복하고 땅과의 관계에서 만들어지는 새로운 형상을 제시한다. 그것은 컨텍스트에서 추출할 수 있는 몇 가지 흔적의 요소들을 중심으로 오브제화 하게 되며 기존 맥락도 새롭게 정의하는 과정을 통해서 새로운 컨텍스트를 생성시키는 효과가 있다. 그러는 가운데 기존의 컨텍스트가 온전하게 드러낼 수 없었던 잠재적 성향을 드러낼 수 있고 그 순간 진정한 의미의 해체가 이루어지게 된다.

–2000년교회 Millenium Church Competition

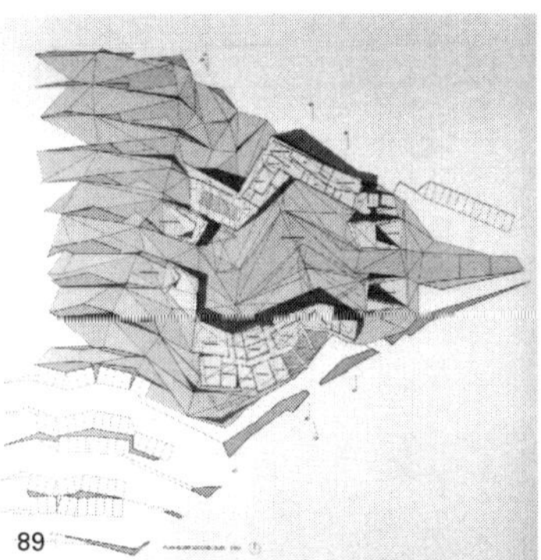

89

특히 그의 건축작품 가운데 '2000년의 교회' 프로젝트(1996년 로마 설계경기)는 그의 건축적 변화와 해체적 경향을 명쾌하게 보여주는 작품이다. 아

89. 2000년 교회 프로젝트의 실험, 배치도와 모형

이젠만은 예수님 탄생 이후 2000년 동안 교회의 본질과 구성요소는 그다지 크게 변화하지 못했다고 생각했다. 그가 생각하기에 전통적인 교회는 바실리카 형식에서 그다지 탈피하지 못하는 대규모 집회공간의 연속이었다. 디지털 시대의 네트워크적 특성에 발맞추어 그는 기존 교회의 공간구조와 사회적구조, 커뮤니티 구조가 갖는 고정관념을 완전히 해체해 버리기에 이르렀다. 새롭게 구축하면서 기존 구조로는 표현하기 어려운 것을 재조직하려고 할 때 역시 기존의 구축방식을 그대로 사용한다면 한계가 있을 수밖에 없을 것이다. 이것은 단순히 형태뿐만 아니라 프로그램 및 구조에 있어서도 완전한 해체를 이루고 있다.

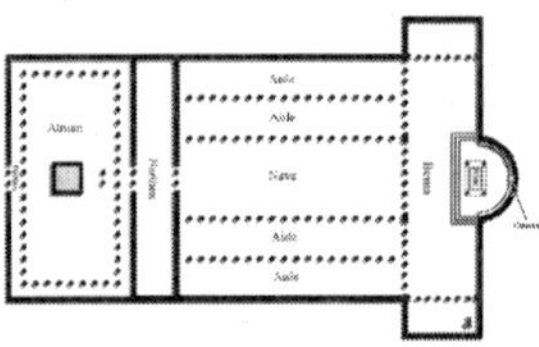
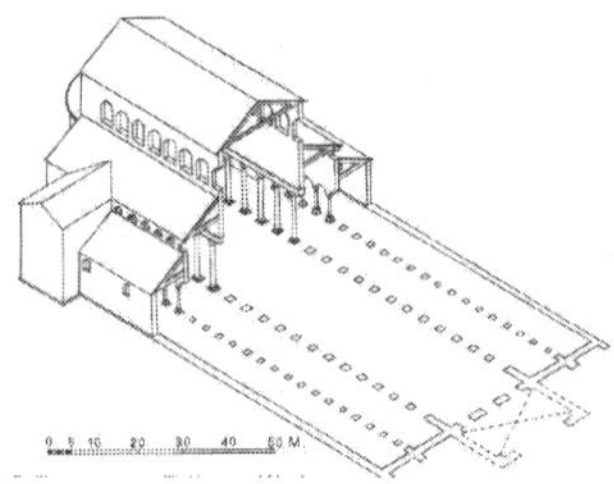

90

전통적으로 교회는 네이브nave(중앙의 집회공간)와 아일isle(중앙 바깥쪽의 복도공간)로 이루어져 있다. 교회는 하나님의 복음을 전하는 매체가 위주가 되는 공동체를 위한 공간인데 기존의 건축은 주로 복음을 전달하는 대규모 집회의 공간이 위주가 되었다. 메시지의 전파(복음전파)가 무엇보다 중요한 교회의 특성상 집회공간의 중요성은 더 이상 강조하여 말할 필요가 없다. 그러나 아이젠만은 주변의 건물과는 완전히 차별화되도록 지면에서 날카로운 예각과 경사진 벽으로 점차 뒤틀리며 솟아오르는 듯한 형태의 교회 매스를 제시했다. 그런데 놀랄만한 것은 중앙의 대공간 즉, 대규모 집회공간이 텅 비어 있는 외부 보이드로 구성되어 있다는 점이다. 평면을 살펴보면 교회로서 일반적인 유형이 아니다. 아이젠만은 기존의 교회의 구성을 완

90. 전통적인 교회의 평면과 공간구조 다이어그램

전히 해체하고 디지털 시대와 소규모 커뮤니티의 활성화를 위해 대규모 신도들이 모이는 대신 아일부분에 소규모 공간들을 배치하고 LCD패널로 목사님의 메시지를 전할 수 있는 시스템을 갖추어 놓는 계획을 세웠다. 그리고 공간 자체는 소규모의 커뮤니티가 중심이 되고 상호 네트워크화 될 수 있는 공간위계를 제시하고 있다. 현재의 건축작품의 경향으로 보았을 때 이러한 모습은 그다지 새로운 모습으로 보이지 않을 수도 있다. 그러나 적어도 밀레니엄 이전인 90년대 컴퓨터 환경과 디스플레이 환경이 현재의 모습이 아니었을 당시 그러한 계획안은 매우 혁신적인 제안이었다.

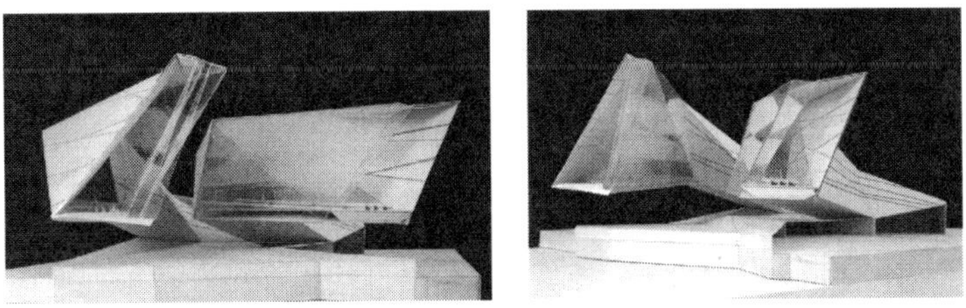

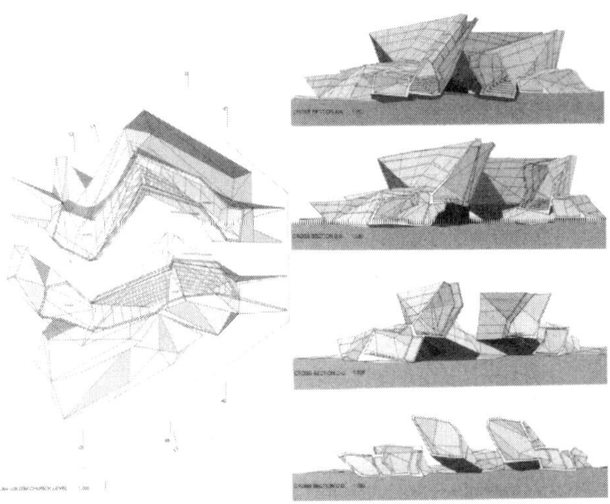

91

91. 밀레니엄 교회 프로젝트 모델 및 도면

이 계획안의 의미는 서구 역사의 가장 중요한 한 축을 이루는 기독교의 전형적인 공간구성방식과 프로그램의 배치를 2000년 밀레니엄을 맞이하여 과감하게 해체한 점에 있다. 생각의 전환을 통해 새로운 방식의 글쓰기와 같은 새로운 커뮤니티 조직 및 공간, 프로그램 등의 공간 어휘와 프로그램의 실험을 제시하려 했던 것이다. 이렇듯 아이젠만은 해체적 관점에서 꾸준하게 형식적, 구축적 실험을 계속하는 진정성을 지닌 해체주의 철학을 사유하고 접목하여 해체주의 건축의 이론적 건축가로서의 입지를 확고히 하고 있다. 이것은 단순히 수사적인 형태적인 실험이 아니라 의미와 개념을 꾸준히 발전시켜 건축적인 외적 표현에 있어서도 해체의 의미를 되살리게 하는 방법을 사용하는 방향으로 진화하고 있는 것이다.
이 작품은 그의 해체적 사고가 잘 드러난 수작으로 꼽을 수 있다고 생각한다. 단순히 해체주의는 형태적 유희와 같은 시각적 가능성에 대한 실험에 그치는 것이 아니라 기존에 가지고 있었던 근본적 구조 이면에서 말하고 싶었거나 억압되었던 혹은 구축되기 이전에 이미 부족한 무언가를 탐구하고 그것을 드러내는 것이 '핵심'이기 때문이다. 그런 면에서 밀레니엄 교회 프로젝트는 그가 생각하고 있었던 해체주의적 사고가 잘 표현되어 있는 수작으로 평가할 수 있다.

비평가와의 대담[43]에서 아이젠만은 이성을 신봉하여 나타난 서구역사의 폐해를 바라보며 다음과 같이 피라네지적인 해체적 사유에서 영감을 받은 건축적 대안을 제시하고 있다.

그럼 현재 건축에는 무엇이 남아있나요?

(아이젠만) 우리는 새로운 통합에 대해서 경계를 늦추면 안 됩니다. 지난 400년간 우리를 지배하며 결국 아우슈비츠, 히로시마 최근의 세계적인 테러로까지 우리를 몰고 갔던 정신과는 다른 새로운 정신을 위해서 말입니다. 철학자인 오스발트 슈펭글러가

43) 한노 라우테르베르크, 나는 건축가다, 김현우 역, 현암사, 2010, 아이젠만 편 부분 인용

묘사한 서구의 몰락은 유감스럽게도 매우 현실적입니다. 물론 건축에서도 우리는 예전과 똑같이 해나갈 수 없습니다.(중략…)
질문의 답변에서 명백하게 아이젠만은 이성의 발전과 그 폐해를 인식하고 새로운 정신세계를 추구해야함을 주장하고 있다. 다음의 인터뷰를 계속 살펴보자.

그럼 당신에게 맞는 대안은 무엇인가요?
(아이젠만)**나는 피라네지와 그의 판화 감옥에 나타난 어두운 세상에 무척 흥미를 느낍니다.** 어두운 면과 무의식, 압도하는 건축물이 아니라 위압적이지 않은 건축에 관심이 갑니다. 20년동안 정신분석을 연구하면서 이런 관점이 현저하게 커졌어요. **나는 무의식이 표현할 수 있는 형태를 찾아요. 무의식을 억누르고 싶지 않습니다.**

위의 인터뷰에서 억압되어 있었고 배제되거나 숨겨져 있던 무의식의 요소들을 공고한 구조 사이로부터 잘 스며나올 수 있는 것에 주제의식을 가지고 있음을 확인할 수 있다.

앞서 언급했던 피라네지의 동판화는 아이젠만의 어록과 작품집에서도 지속적으로 언급되는 작품이다. 구조주의적인 관점에서 시작한 수사학적 건축실험(주택 I에서 X까지)에서 후기구조주의의 욕망을 사유하고 드러내는 과정을 거친 아이젠만에게 틈과 사이공간을 사유함에 있어서 무의식과 피라네지적인 접근방식은 계속적인 화두가 되는 것임을 엿볼 수 있는 대목이다. 피라네지의 건축동판화에서 보여지는 무의식의 내부구조와 경험은 결국 지각의 현상학에서 말하는 몸철학과 해체주의간의 접목지점에서 사유하고 활동하고 있는 아이젠만의 작업과 연결된다. 필자는 다음의 대화가 그가 생각하는 해체주의의 핵심을 보여주고 있다고 생각한다.

분석한 결과 당신의 건축이 실제로 변했나요?

(아이젠만)네, 예전의 나는 대단히 기하학적이고 합리적인 성향의 흰색건물만 설계했습니다. 분석을 시작하면서 내 건물의 기반 아래에 있는 것을 발견했습니다. 나는 **현재가 물러설 수 있는 부재의 공간을 남겨둘 수 있기를 원합니다.**

하지만 건축물을 해체하고 분해하고 분할한다면 어떻게 사람을 이해할 수 있나요?

나는 해체주의를 도덕적 의무라고 생각합니다. 건축의 힘으로 인간정신의 무의식적이고 억압된 면을 연다고 생각하기 때문에 나 자신을 도덕적인 건축가라고 생각합니다. 바그너가 [니벨룽의 반지]에서 독일인들의 무의식을 열었던 것처럼 말입니다. 바그너는 나를 매료시켜요. 아마도 추모관은 바그너의 오페라와 비슷한 일을 할 것입니다. 어쩌면 어두운 면이 드러나 독일인들이 홀로코스트의 억압을 다루게 할 수도 있죠. 나는 그게 가능하다고 생각합니다.

흔적과 부재의 공간, 역시 해체주의의 개념에서 친숙한 키워드들이며 그의 건축과정에서 뚜렷하게 보여지는 방법론이다. 그가 해체주의를 심지어 '도적적 의무'라고 생각한다는 점에 주목할 필요가 있다. 이성의 명암으로 나타나는 폐해적 요소를 극복하는 방법으로 해체주의를 의무감을 가지며 발전시키고 있는 것이다. 국제주의 양식의 기계같은 건축과 같이 인간의 한쪽만 중시한 흐름은 그만큼 불안정한 것이었고 실제로 인류의 역사상 그러한 부작용이 심각하게 나타났었다. 그런 면에서 해체건축은 불안정한 것이거나 해체자체의 파괴적인 몸짓이 아니라 오히려 '안정화'를 추구하는 도덕적 차원으로까지 승화된 상태임을 위의 글로 확인할 수 있다.

지금까지 살펴본 바와 같이 아이젠만은 구조주의적 관점에서 건축을 시작하여 언어학에 근거하여 실험을 계속하는 가운데 해체사유를 만나고 발전시키고 있다. 언어학에 관심을 가지고 실험을 계속한 건축가에게 있어서 기존의 건축 구축 구문론은 대리보충의 세계에 빠지게 되는 한계가 있는 것이다. 그래서 그에게 기존의 언어체계로는 근본적으로 다시 생각하게 만드는 해체주의의 새로운 사유는 매우 매력적인 실험대상이 되는 사유였을 것이다. 드러낼 수 없는 것을 드러낼 수 있는, 그래서 안정화 시킬 수 있는 사유는 건축어휘 및 구축이라는 측면과 매우 유사하다. 이러한 과정을 거쳐 그는 신선한 사유와 결과물을 시각적으로 만들어낼 수 있었다. 또한 드러내지 못했던 것을 드러내기 위해 기존의 관념을 부정하고 해체하여 새로운 관계를 실험하는 것에 지적 쾌감도 느꼈을 것이다.

그러나 이이젠만의 작업은 구조주의적인 인어학직 시각으로부터 시작하였기 때문에 언어적인 것(수사학)에 집착하는 경향이 주가 될 수 밖에 없었고 다이어그램으로 건축어휘를 변주variation하고 해체하여 드러내는 방식을 실험하는 것을 계속 고수했다. 따라서 언어에 종속되거나 시각적인 구축어휘만으로 귀결되는 듯한 느낌을 배제하기 힘들다. 아이젠만의 초기실험이 가지고 있는 감성적 측면과 신체가 감지하고 느끼는 현상학적인 측면은 배제되고 형이상학적 사고속의 산물로 굳어진 느낌은 그가 계획한 건축물이 몸이 느끼는 실제와는 유리되어 있다고 생각하게 만들 수밖에 없는 단점을 보이고 있다.

5013 버나드 츄미의 해체주의 건축 실험
–츄미의 건축 이론

버나드 츄미 역시, 데리다의 사유와 관계를 맺으면서 해체철학과 해체건축을 주도한 인물 중 한명이다. 그는 아이젠만의 형태적 실험과는 약간 다르게 건축체계의 해체는 프로그램의 해체가 핵심이 된다고 생각했다. 이벤트 공간 및 신체의 이동에 따른 프로그램의 경험을 통해 그는 기존 건축의 뚜렷한 경계에서 생겨나는 불안정함을 보완하는 방법론을 선보였다.

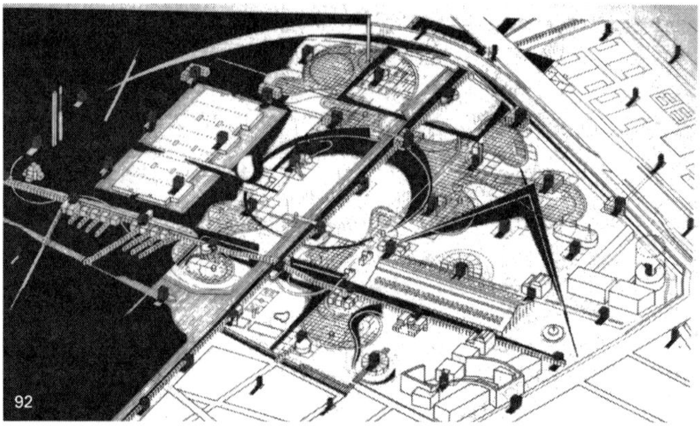

앞서 해체철학을 살펴보면서 글쓰기의 쓰기 행위가 시작된 순간 대리보충의 악순환에 빠지게 됨을 살펴보았다. 건축 역시 여러 가지 요소들을 어휘와 같이 배치하여 구축하는 행위이기 때문에 전통적인 방식에 의해 도면으로 그리고 만드는 순간 마찬가지로 대리보충의 악순환에 빠지게 된다. 그렇다면 전통적인 글쓰기 혹은, 전통적인 건축의 디자인 방법론 혹은 구축방법과는 다른 방식의 방법론을 사용할 때 이러한 대리 보충의 악순환에서 벗어나 억압되거나 말할 수 없었던 것 혹은 표현할 수 없었던 무언가를 한꺼번에 온전하게 표현할 수 있는 방법론이 생길 수 있을 것이다. 앞서 아이젠만이 독일인의 추모공간을 계획하며 어두운 면, 억압된 것이 드러나게 하는 것을 도덕적 의무라고까지 말했는데 그 의도를 해체적 관점에서 이해할 수 있을 것이다. 츄미는 이러한 방법을 시각적인 수사적 실험보다는 이벤트공간과 프로그램의 해체에서 찾았다. 기능과 프로그램이 중심이 되어 계획된 국제주의 양식과 같이 유사 프로그램과 기능으로 단순히 조닝zonning하여 배치하는 것이 아니라 충돌과 병치의 방법론, 그리고 이벤트가 생성될 수 있는 사이공간 즉, 이벤트들의 In-between을 만들고 다양한 수직, 수평의 동선체계를 사이공간에 계획함으로써 예기치 않은 이벤트들과 행위들이 나타나

92. La Villette 프로젝트의 새로운 글쓰기 방식

도록 계획했다. 이로 인해 건축에서 혹은, 인간심상에서 표현할 수 없었던 완전한 건축적 표현과 인간들의 행위가 자유롭게 교차하면서 진정한 건축의 글쓰기 혹은 진정한 구축행위가 될 수 있다고 믿은 것이다.

츄미에 따르면 건축에서 글쓰기의 행위에 해당되는 것은 사진이나 영화와 같은 이벤트적 속성을 지니고 있고 이것은 정해진 경로속에 나타나는 장면이다. 한 장소에서 다른 장소로 이동할 때 다양하게 프로그램간 이화異化되고 침범되고 전이되고 다르게 해석될 수 있는 가능성을 드러내게 해주는 것 사이에서의 해석을 드러나게 하는 것이다.

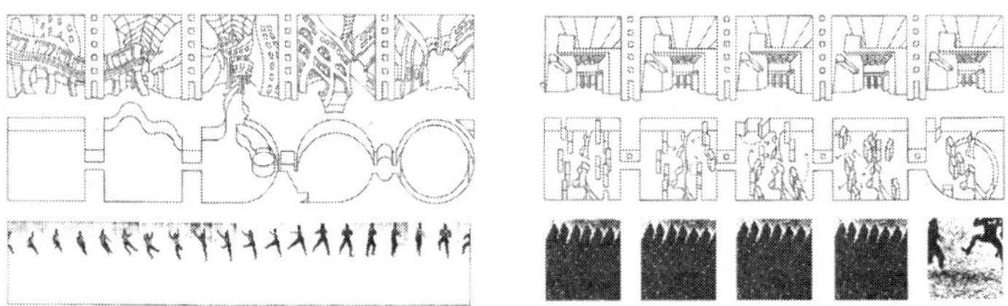

93

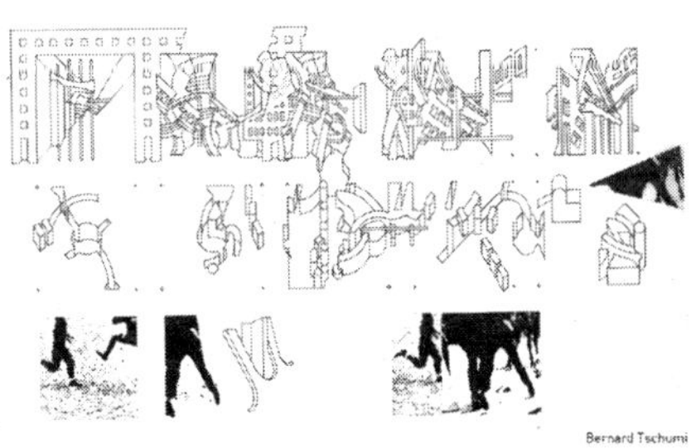

94

93. 버나드 츄미, 맨하탄 스크립트
94. 버나드 츄미, 맨하탄 스크립트, 행위의 시퀀스

앞서 언급한 바와 같이 츄미는 맨하탄 스크립트를 통해 다이어그램적인 표현으로 건축 도면과 아이콘의 중간영역에 있는 듯한 작업을 선보였는데, 이를 통해 묘한 이미지 연상을 불러 일으키고 있다. 그것은 건축적 장면을 연상시키면서 동시에 이벤트적 행위를 떠올리게 하며 프로그램이 교차되고 재생산 되는 과정을 경험하게 한다. 또한 그 과정은 신체의 움직임을 연상하게 하는 방향성이 있는 해석을 가능하게 한다. 다시 말해 그의 작업은 영화의 스크립트와 혹은 애니메이션의 시나리오 같은 역할도 동시에 수행할 수 있는 잠재성의 구조물이다.
맨하탄 스크립트는 그것이 실제적으로 구축되지 않은 작업이지만 실제 구축을 촉발시키거나 잠재성이 현실화될 수 있도록 하고 있으며, 관찰자의 계속적인 참여를 유도하면서 복잡한 연상작용과 심적 교차를 일으키도록 유도되고 있다는 점에서 건축적으로 주목할 만한 방법론이다. 이러한 방식의 스크립트(글쓰기 효과)를 통해서 우리는 건축적 동선과 프로그램, 이벤트, 건축적 텍스트의 현실이 교차됨을 경험할 수 있다. 관찰자는 평면, 입면, 단

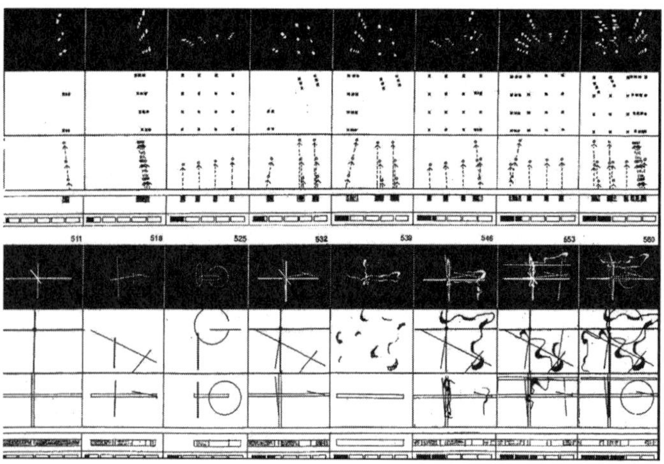

95

95. 버나드 츄미, 맨하탄 스크립트, 행위의 추상화와 시퀀스

면, 투시적 장면이 교차하면서 다양한 상상력을 불러일으키게 된다. 또한 이러한 사이공간과 흐름의 공간은 신체적 이동을 상상하면서 무대적 효과를 동시에 불러일으킨다. 이를 통해 건축적 시나리오가 형성될 수 있다는 점에 주목할 필요가 있다. 이러한 특이한 글쓰기를 통해 츄미는 새로운 건축구축적 방법론을 실험하고 선도할 수 있었던 것이다.

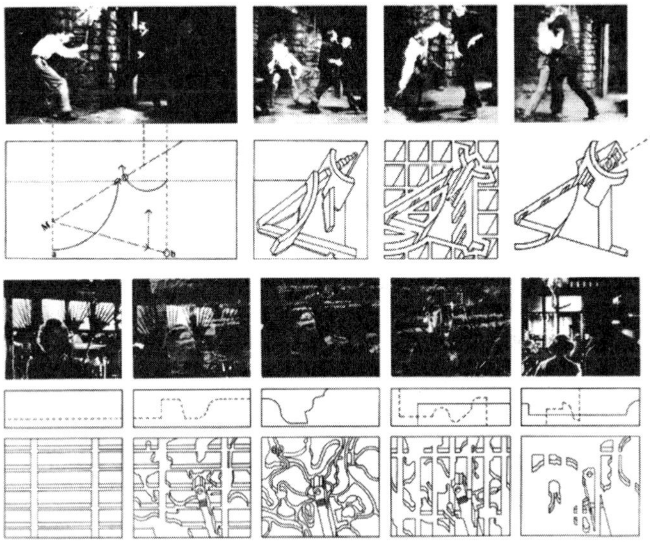

96

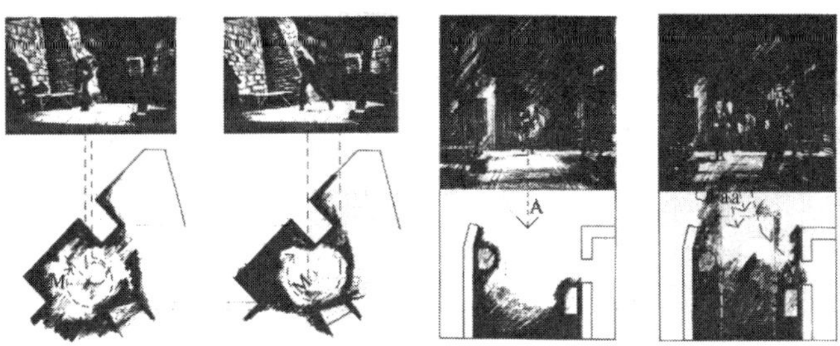

97

96. 버나드 츄미, 맨하탄 스크립트, 행위의 시퀀스
97. 버나드 츄미, 맨하탄 스크립트, 행위의 도면화

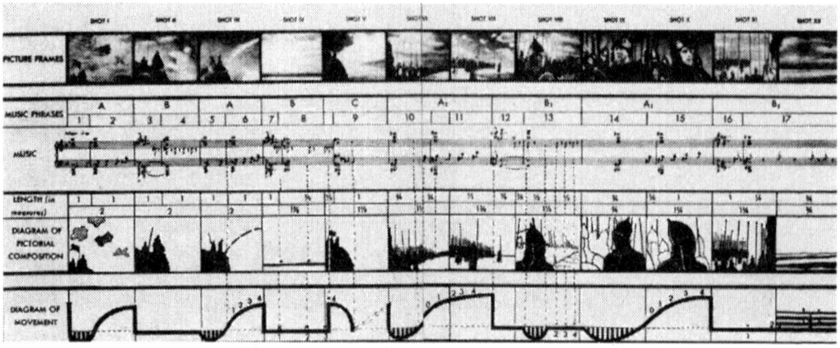

98

그 작품을 보고 있으면 어느 한 방향으로 길을 걸어가다가 벌어지는 다양한 운동을 느낄 수 있다. 마치 영화의 플롯처럼 행위와 이벤트가 엮여 나가면서 시간 역시 섞여 들어감을 경험하게 만든다. 그의 영화의 프레임과 같은 추상화된 다이어그램들은 특히 최근의 영상편집 프로그램의 인터페이스를 보는 것과 같은 느낌을 가지게 된다. 그의 작업이 영상프로그램이 상용화되기 이전에 주로 이루어졌음을 생각했을 때 장면과 미장센과 행위 및 소리가 상호교차하면서 섞여 들어가는 공간적 운동경험을 하기에 충분하다. 그 운동 중에는 '자살'과 같은 극단적인 행위도 포함되어 있다. 금기시 되는 행위까지도 포함하는 시각적 장치는 뚜렷하게 그림도 건축 도면도 아니며 회화도 아니지만 그 모든 것일 수도 있으며 그 모든 것을 초월하여 각 미디어가 가지는 특성 이상의 것을 보여줄 수도 있다. 그의 건축적 시퀀스들은 건축적 상황에서 벌어질 수 있는 다양한 것들을 '드러내고' 있다. 그의 그림을 보면 관객이 참여하여 그 공간속을 시나리오에 따라 거닐게 만들며 수 십 가지의 다른 공간을 걸어가면서 발생하는 다양한 운동과 플롯이 교차하면서 모호성을 느낄 수 있다. 이른바 해체의 공간적 개념이 드러나는 순간이다. 맨하탄 스크립트를 보고 있으면 국제주의 양식풍의 건물 공간들이 변형이 이루어지면서 해체적 양상의 과정으로 변화하는 듯한 플롯을 보여주고 있다.

98. 버나드 츄미, 맨하탄 스크립트, 영화편집의 기법 적용

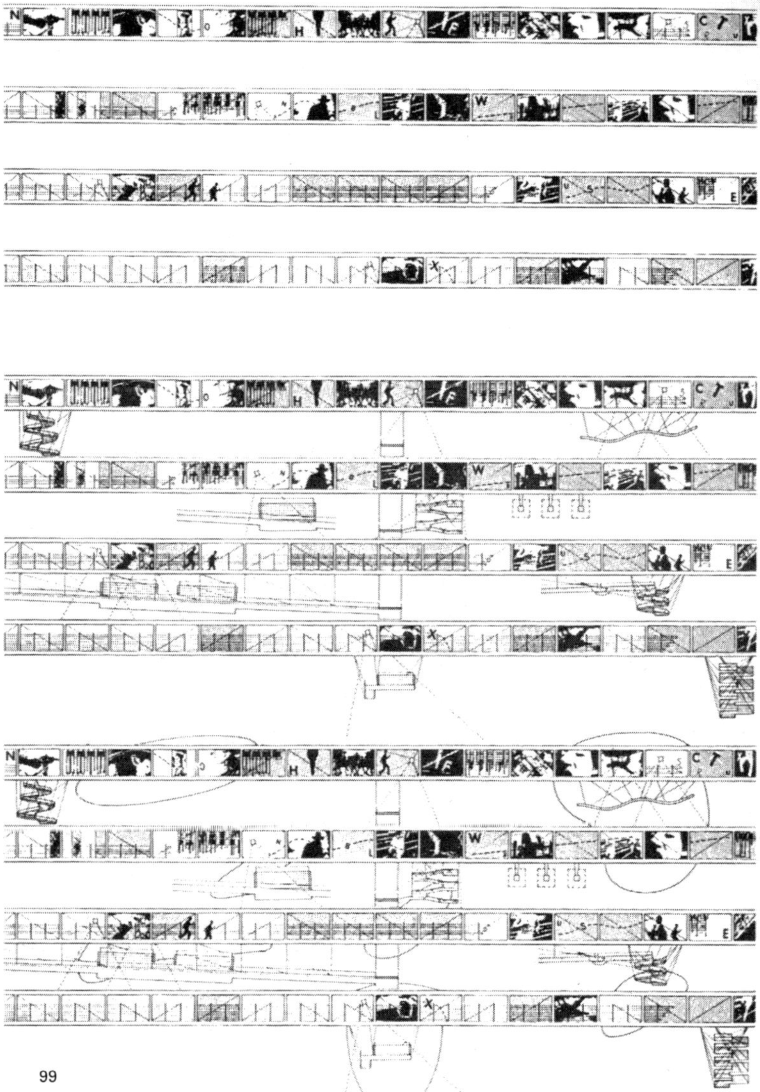

99

99. 맨하탄 스크립트 시퀀스 계획

맨하탄 스크립트는 이처럼 건축적 도면이라는 형식과 비슷한 다이어그램이라는 텍스트에 기반하고 있지만 그것의 용도와 정체가 모호한 가운데 오히려 참여와 상상력을 불러일으키는 작용을 하고 있다. 보는 이와 스크립트 사이에 대리보충에서 벗어나고 있는 모습, 드러낼 수 없는 것(심지어 자살까지도) 드러낼 수 있는 텍스트의 역할을 하고 있는 것이다. 그의 스크립트를 보고 있으면 에이젠슈타인의 몽타쥬가 떠오르고 공간화 시키는 느낌과 비슷한 무엇이 있다. 무대와 대본, 프로그램과 이벤트 사이의 다양하고 복합적인 관계들을 효과적으로 드러내고 있다.

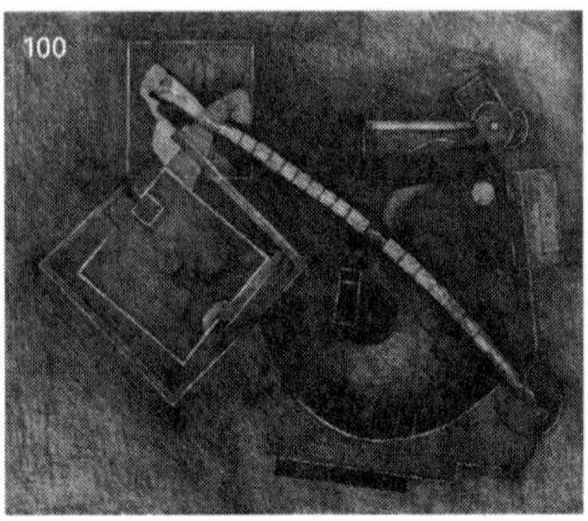
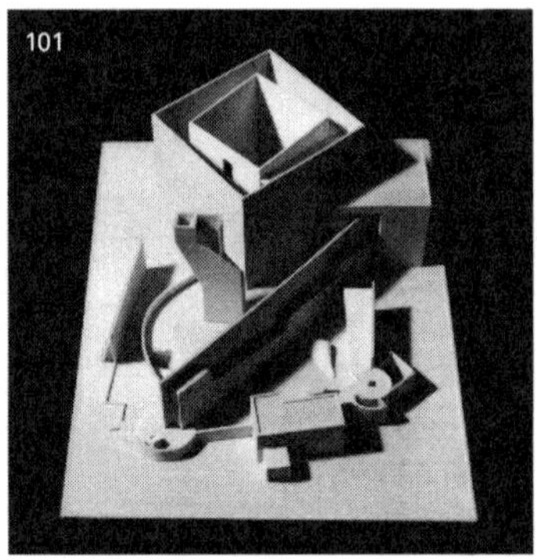
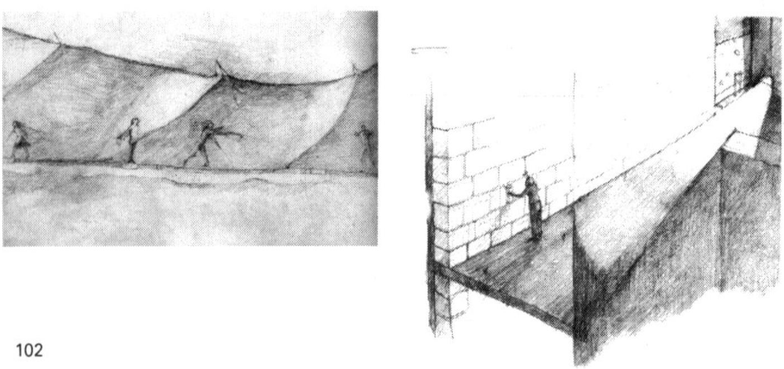

102

100. 쿠퍼 유니온 학생졸업작품: 눈 먼자를 위한 도서관 계획
101. 쿠퍼 유니온 졸업작품: 눈 먼자를 위한 도서관 계획
102. 눈 먼자를 위한 도서관 계획의 스케치

츄미가 쿠퍼 유니온에서 가르치던 시기의 학생 졸업 작품인 "눈 먼자를 위한 도서관 계획"은 현상학적 경험과 '미로'와 동굴의 개념과 사이공간의 의미를 만들어 내는 해체적 과정을 통해 종합 및 초월의 방법론을 사용하고 있다. 이 작품은 앞서 피라네지를 살펴보면서 등장했던 다양한 키워드들과 지각의 현상학적 요소들이 잘 결합되어 있다.

-버나드 츄미의 건축 방법론

1960년대부터 그가 잡지에 기고했던 글을 모아서 사유의 변화를 추적할 수 있는 츄미의 저서 『건축과 해체Architecture and Disjunction』에서 그는 해체의 방법론이 될 수 있는 키워드들을 제시하고 있다. 그는 특히 접두어 Trans로 시작되는 단어(전사transscript, 전이transference)를 자주 사용하면서 프로그램의 불안정화, 해체, 분리, 이접, 분열, 차이를 강조하고 있다.

옥스퍼드 사전에서 trans는 ① '횡단, 관통'의 의미. [opp.] cis-: transatlantic; transfix, ② '초월'의 의미: transcend, ③ '변화, 이전'의 뜻: transform; translate, ④ '건너편'의 뜻: transpontine의 의미를 지니고 있다. 사이에서 벌어지는 해체적 개념을 생각했을 때 그가 사용한 trans로 시작되는 조합단어(cross-programming, trans-programming, dis-programming)는 효과적인 프로그램의 해체를 만들어 낼 수 있게 된다.

츄미의 프로그램은 인간의 행위에 의해 파편화된 이벤트로 나타나는 일시적인 프로그램을 의미한다. 그의 작품에서는 모더니즘이 배제하였던 인간의 행위를 프로그램으로 건축 공간에 끌어들이는 새로운 방법론들을 사용하고 있다. 그의 이러한 사유가 잘 들어나는 세 가지의 방법론이 있게 되는데, 그것은 프로그램의 교차와 프로그램 넘나들기, 프로그램 분리 등이다.

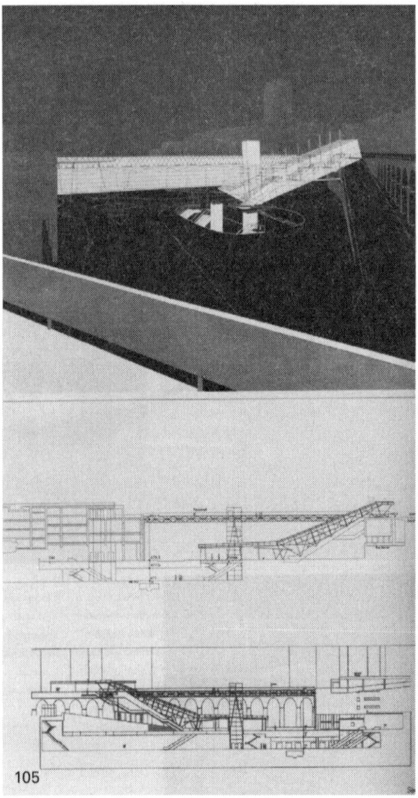

103, 104. Flon Railway Metro역사 interface 계획
105. Flon Railway Metro역사 interface 계획 입단면
106. Flon Railway Metro역사 interface 계획 투시도

프로그램의 교차 Cross-programming

츄미는 전혀 이질적인 프로그램들을 병치juxtaposition하여 충돌시킴으로써 의도하지 않은 새로운 경험을 하고 심리적인 요소들을 이끌어낼 수 있도록 했는데, 이것은 초현실주의자들이 자주 사용한 방법이었다.

그는 볼링시합을 위해 교회 건물을 사용하는 것과 같이 어떤 프로그램을 다른 용도의 공간조직에 적용한다. 유형학적 자리바꿈과 유사한 것, 감옥의 실내 공간구성을 갖고 있는 시청건물 혹은 주차장 구조를 갖고 있는 박물관. 참고: 옷바꿔 입기Crossdressing과 같은 내용들이 있다.

프로그램의 넘나들기 Trans-programming

프로그램 넘나들기는 프로그램간의 이질성에 상관없이 두 개의 프로그램을 그들 각각의 공간조직을 유지한 채 결합한다. 천문대+롤러코스터를 결합한 것과 같이 전혀 상관없는 듯한 내용이 결합되거나 넘나들면서 새로운 가능성과 형식을 탐구할 수 있게 된다.

프로그램의 분리 Dis-programming

두 개의 프로그램을 결합시키면 프로그램 A에게 적합한 공간조직이 프로그램 B와 이의 적합한 공간조직을 물들인다. 새로운 프로그램 B는 프로그램 A에 포함된 원천적 모순에서 추출될 수도 있으며, 프로그램 B에 필요한 공간조직이 프로그램 A에 적용될 수도 있다.[44]

전혀 상관없을 듯한 프로그램이 교차하고 넘나들고 결합되고 분리되는 과정에서 충돌과 해체가 이루어지고 어느정도 폭력적인 장면도 나오게 되지만 그것 자체가 기존의 구조로는 나타낼 수 없는 구조를 드러내는 것이므로 이것이 기존의 언어와 구조를 해체하고 드러낼 수 있는 방법론이라고 본 것이다.

44) 버나드 츄미, 건축과 해체, 류호창, 서정연 공역, 이집, 2002

기존의 방식과는 다르게 해체에서 즐겨 사용되는 '병치'와 '대립성'은 예술분야에서 다다Dadaism, 초현실주의Surrealism, 러시아 구성주의, 상황주의에서 즐겨 사용했던 방식으로 이질적인 무언가를 의도적으로 배치하며 혼성화의 충격을 주는 것이다. 막스 에른스트는 레디메이드readymade 리얼리티를 언급했고 수술대 위의 재봉틀과 같이 무언가 어울리지 않는 것이 배치되면서 보여지는 충격과 관객의 무의식으로의 초대와 연산작용을 유도한다. 이러한 연산 작용을 통해 심층의 거대한 이미지가 형성되는 것은 해체의 사유에서 일종의 연금술 같은 것으로 표현된다.

츄미는 주어진 프로그램이 가지는 전통적인 의미와 형태의 관계를 거부하기 위해서 프로그램 자체를 해체하는 방식을 취하고 있다. 이 작업 후, 프로그램은 그 내부의 관계가 재설정되거나 새로운 요소가 삽입되면서 새로운 관계로 재편되게 된다. 이 과정에서 프로그램이 혼합, 제거되고 전이되는 전략적인 방법을 취하고 있다.

그가 사용하는 방법론의 특징은 시나리오를 따라 벌어지는 이벤트성으로 인해 기존 건축공간과는 다른 양상을 드러내고 경험할 수 있다는 점이다. 일반적인 구조를 벗어나 다양한 것들이 넘나들면서 중첩되어 기존의 형태와 위계와 구조 등이 교차되고 분리되면서 새로운 공간의 경험을 발생하게 만든다. 신체는 이러한 요소들을 경험하면서 새로운 정보와 감각으로 다시 기억과 내용을 재구성할 수 있도록 참여를 이끌게 된다.

107. Salvador Dali, Sewing Machine with Umbrella

츄미의 내부공간은 프로그램이 정해져 있지 않은 것들이 병치되면서 영역과 동선의 의외적인 관계설정이 가능하게 되어 충돌하는 부분들이 생기게 된다. 그는 전통적인 조닝이 의미하는 합리적인 프로그램의 배치보다는 해체적 프로그램의 병치를 통해 독특한 사이공간 In-Between을 만들어내게 된다. 그의 공간속의 시퀀스들은 다양한 위계와 방향성으로 연계되는 움직임들을 만들어내고 이것들이 일시적인 프로그램들을 형성하게 된다. 그것은 영화적 시퀀스를 만들면서 가지게 되는 연상작용과 유사하다.

츄미의 공간과 건축은 프로그램이 외부의 여러 가지 요인에 따라 변화하기 쉬운 특성을 보이고 있다. 그는 요소들(공간들) 사이의 프로그램을 함께 묶어 병치시키고 상호 충돌시키는 가운데 묘한 대비와 긴장감을 만들어내는 과정을 실험한다. 그 가운데 이벤트의 공간이 될 수 있도록 예기치 못했던 행위와 요소, 만남, 충격 등이 나타날 수 있는 공간을 계획했다. 그 과정에서 연금술에 비유되는 다양한 기억과 경험이 교차하는 생산적인 공간이 된다. 츄미는 의도하지 않은 이벤트와 공간과 시나리오를 언급하고 있지만 오히려 현실은 정반대이다. 경험이 많은 건축가로부터 더 정교하게 계획되어 풍부한 프로그램과 행위를 미리 연상하여 더 복합적인 구성을 이끌어낼 수 있도록 진화된 것인데 그 과정에서 복합화 된 행위까지도 완벽하게 예측한 이후 조합을 이루어내는 것이라고도 볼 수 있다. 6권에서 살펴볼 예정이지만, 오늘날 오히려 이러한 공간 자체가 더욱더 정교하게 의도적으로 많은 이벤트를 만들어 내게 하고 통제와 관리를 더욱 교묘하고 유연하게 강화하고 있다고 보는 견해도 있다. 사실 계획하는 입장에서 상관없는 듯한 프로그램을 병치시켜서 건축가도 예견하지 못하는 다양한 이벤트와 프로그램을 만드는 것을 의도한다고 하지만 이것은 어폐가 있다. 오히려 더 경험이 많고 다양한 이벤트를 예견할 수 있어야 좀 더 훌륭한 해체주의 건축공간과 표현을 할 수 있음을 계획을 어느정도 해본 사람은 동의할 수 있을 것이다. 그래서 츄미의 프로그램의 병치와 이벤트의 발생의 이론적 가치에는 동의하면서도 그것이 건축가가 의도하지 않았다는 부분에는 동의하기가 힘들 수도 있다. 다만 조형적 요소와 함께 의도하지 않았던 영역이 나타날 수도 있다.

–츄미의 건축 작품

1) 조이스의 정원

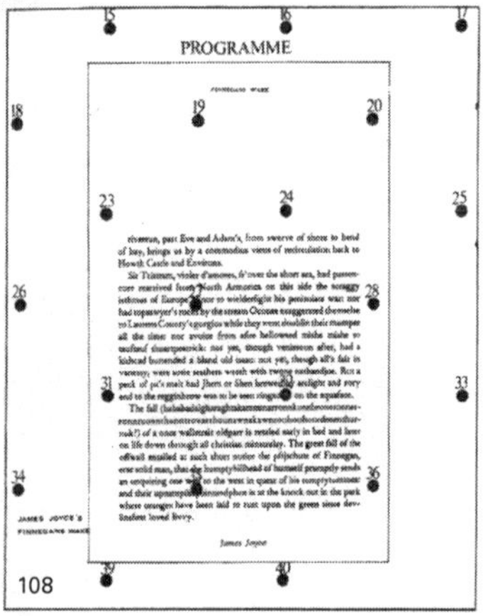

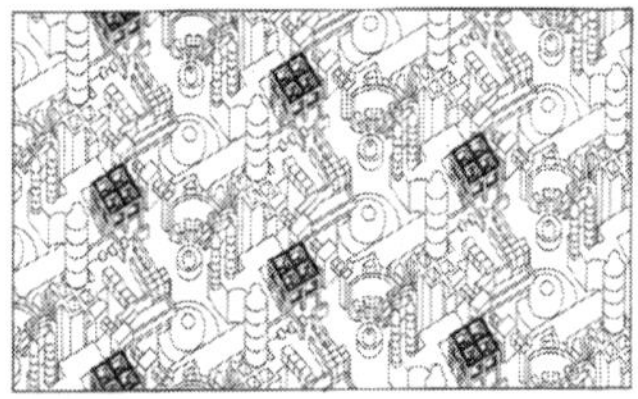

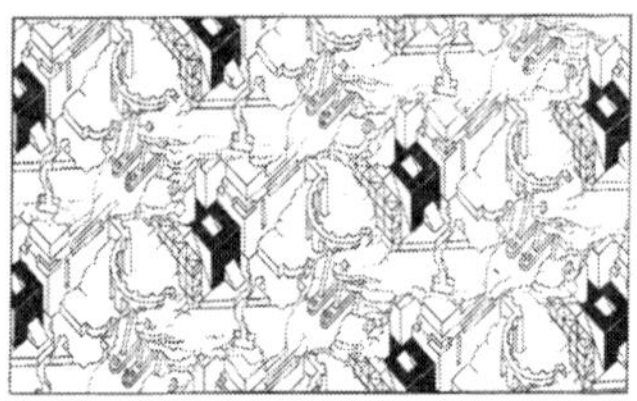

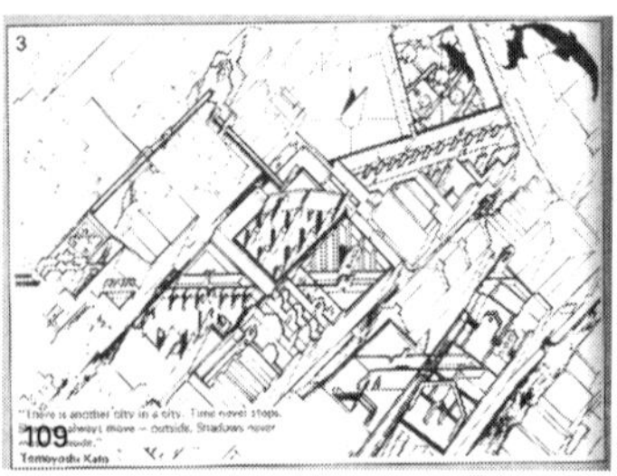

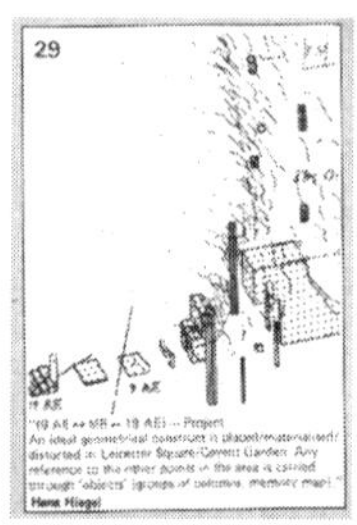

77년도 작품인 츄미의 조이스의 정원은 앞서 설명한 조이스의 문학적 특성을 건축적으로 해석하여 건축적 프로그램과 건축언어를 해체적으로 표현하

108. 츄미의 조이스의 정원 프로젝트
109. 이후 AA의 조이스의 정원 과제(학생작품)

고 실험한 작품이다. 이 작품에서 츄미는 기존의 텍스트를 해체한 이후 그것의 구문을 다시 해석하고 철학, 문학, 예술, 건축 사이에 그어진 선을 자유롭게 넘나들 수 있는 가능성을 탐구했다. 조이스의 텍스트에서 피네간의 경야는 다양한 언어로 동음이의同音異議의 익살pun을 추구하고 있으면서 영겁회귀와 순환구조를 이루고 있는 조이스의 작품적 특성을 건축적으로 실험한 것이다. 이 작품에서 그의 차후 작품들에서 나타나는 프로그램의 교차, 넘나들기, 분리, 중첩, 재생산의 과정들이 제대로 드러나고 있음을 알 수 있다.

소설가 제임스 조이스는 집단 무의식과 자동기술법, 그리고 지암 바티스타 비코Giambattista Vico의 역사 순환론을 구성의 바탕으로 삼아 언어의 실험에 치중했다. 동음이의의 익살, 두음전환頭音轉換, spoonerism, 그리고 혼성어와 의성어를 이용한 신조어coinage등 여러 가지 언어의 유희word play를 통해 독자들의 자유로운 조합과 연상을 가능하게 만드는 방법론을 사용한다.
이러한 방법론은 그의 전 소설에서 잘 나타나며 순환구조는『율리시즈』와『피네간의 경야』에서 주로 나타나고 피네간의 경야에서는 특히 언어적인 유희가 극에 도달하는 언어적 실험의 최고봉에 이르게 된다.
김욱동은 피네간의 경야에 대해 다음과 같이 언급했다. 특히 조이스의 작품『피네간의 경야』는 언어의 수수께끼로 가득 차 있다. 이 작품은 "장례식funeral"에 관한 이야기이다. 조이스의 말장난으로 "장례식funeral"은 "fun for all"(모든이에게 주는 기쁨)으로 둔갑한다. 여러 가지 색 실로 엮은 실타래처럼 한 단어, 한 구절, 한 문장마다 갖가지 의미가 숨어있다. 이 색실을 한 올 한 올 뽑아내어 그 오묘한 함의含意를 파악할 수 있으면, 때로는 놀라움을, 때로는 폭소를 자아내게 될 것이다. 이것이 작가 조이스가 의도한 바이지만 워낙 난해한 작품이라 그 접근에는 아직 한계가 있다. 이 작품의 번역이 가능한가 하는 의문도 제기될 수 있다. 번역하려면 하나의 텍스트에 수개의 번역본이 나와야 할 것이다.

조이스의 작업이 단순한 유희를 넘어서 다양한 언어적 실험과 드러냄을 실험한 바와 같이 건축을 언어로 보았을 때 이러한 다양한 언어적 실험은 결국 건축적 어휘 실험의 극단을 실험하면서 건축적 공간 및 가능성의 한계를 경험하는 작업이라고 볼 수 있을 것이다.

2) 르 프레노이 국립 현대 예술 스튜디오

르 프레노이 국립 현대예술Le Fresnoy national Ceter for the contemporary arts 스튜디오는 1992년 비프로그램화된 영역과 동선과의 관계를 중심으로 하여 각종 동선들을 in-between이라는 공간에 삽입시킴으로써 해결하고 있다.

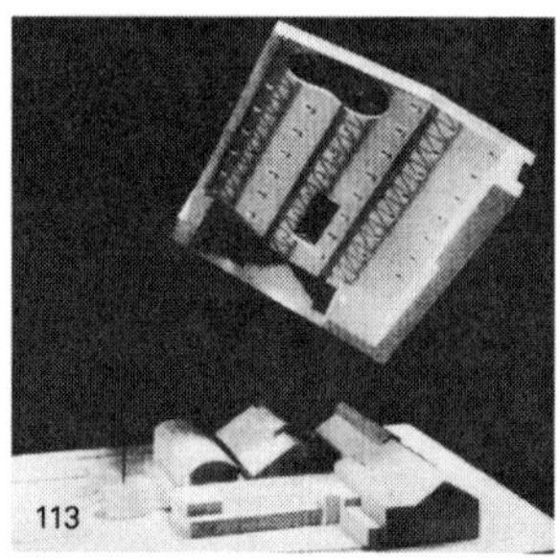

르 프레노이 국립 현대예술 스튜디오는 기존 건물에 새로운 지붕을 덮어 in-between의 공간을 제시했는데 이것은 단순히 건물을 뒤덮는 것이 아니라,

110. Le Fresnoy national Ceter for the contemporary arts 내부
111. Le Fresnoy national Ceter , 외부
112. 기존 건물
113. 새로운 글쓰기의 시작

옛 건물에 새로운 공간과 동선에 매달리고 공중을 가로 지르면서 기존 건물의 공간들 및 프로그램이 상호교차 하게 되어 있다. 이를 통해 인식 및 체험상의 새로운 경험을 가지게 되고 새로운 공간과 프로그램으로 병치되어 충돌하고 바뀌는 것을 경험할 수 있게 계획되었다. 이것은 원래 제시된 프로그램에는 존재하지 않는 새로운 공간감과 요소들을 실험할 수 있는 방안이 되고 있다. 새로운 지붕과 옛 건물 사이의 부가적인 잉여공간이 형성됨으로써 예기치 않은 프로그램 및 이벤트가 사이공간에서 생성되게 된다.

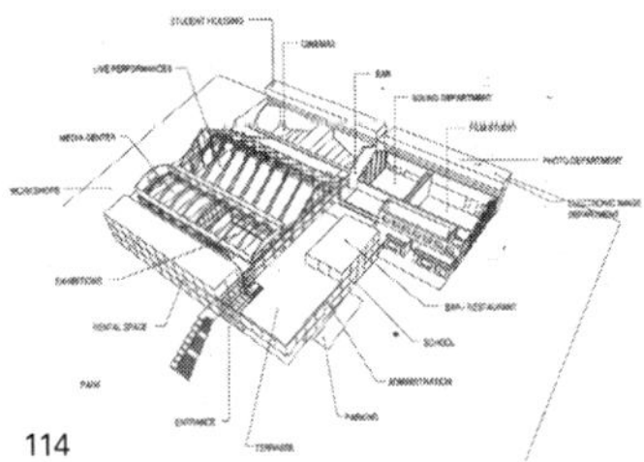

114

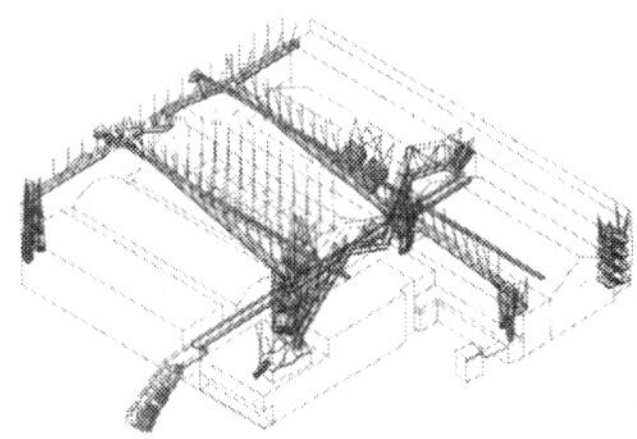
115

이 작품속의 공간을 한번 상상하면서 걸어보도록 하자. 이 작품은 기존의 건물들 위에 거대한 지붕을 덮어서 잉여의 거대한 내부공간이 형성되었다. 그 건물들 사이로 공중가로(동선)와 계단과 램프들이 어지럽게 연결된다. 이러한 요소들이 부가적으로 삽입되지 않았던 시기의 건물은 우리의 일상에서 보는 건물군들과 별 다를 바가 없다. 그러나 우리는 새로 형성된 구름다리와 램프와 계단을 오르내리면서 기존 건축의 다락방으로, 옆 벽을 뚫고 직접적으로 이 공간에서 저공간을 가로지르며 연결되어 새로운 프로그램과 감각과 기억이 뒤섞이고 교차하는 것을 경험하게 된다. 마치 캣우먼이나 매트릭스의 주인공이 된 것처럼 하늘을 뛰어다니며 이집 저집의 공간들을 드나들면서 새로운 프로그램을 만나게 되는 듯한 이접현상이 발생하며 전혀 다른 초현실적 경험이 가능해진 것이다. 기존 건축물군의 넘을 수 없는 물

114. 기존의 건물군들과 기능
115. 기존 건물군들 사이에 다양한 공중교차동선의 삽입

리적 한계와 경계를 허물어뜨리며 새로운 공간과 프로그램이 생성되게 된 것이다.

116

117

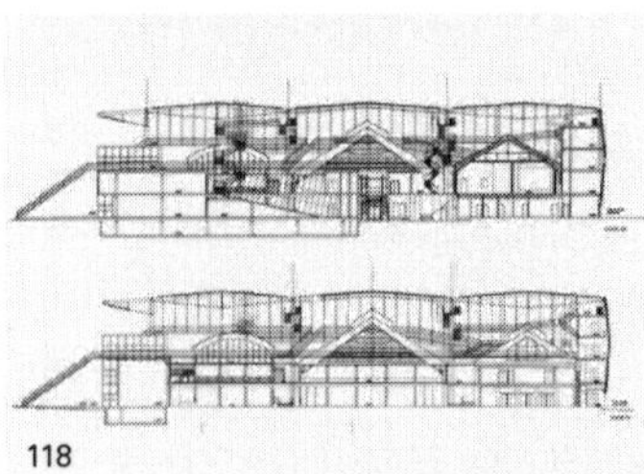
118

이 작품은 기존의 건물 사이에 새로운 구조와 새로운 동선 및 공간을 삽입함으로써 구조 사이의 요소들과의 새로운 관계를 통해 기존의 역사적 상황과 기억이 교차하고 새로운 프로그램과의 충돌이 일어나게 된다. 그 결과 새로운 이벤트들이 생성되면서 신체의 기억과 움직임이 투사되면서 기존의 것들을 드러내게 하는 요소들이 되고 있다. 츄미는 이 작품에서 각 동선의 이동과정을 영화와 같은 이벤트의 시퀀스로 연결시킴으로써 각 장면 장면들을 몽타주화시켜 표현하고 있다.

116. 사이공간의 동선 모델
117. 사이공간 이벤트의 영화적 시퀀스탐구
118. 입면 및 단면

3) 라 빌레트 공원

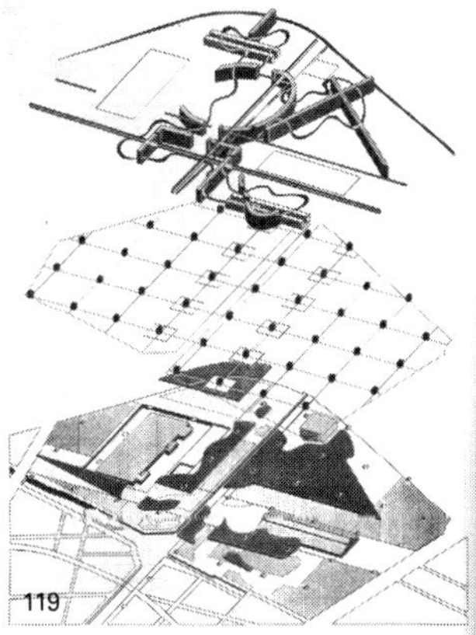

그의 작품 중에 프랑스 파리의 라 빌레트 공원 프로젝트는 그의 명성을 세계에 알리는데 큰 역할을 한 작품이었다. 이 프로젝트에서는 기존 컨텍스트를 전체적으로 덮는 그리드와 그리드의 교차점에 배치되는 폴리Folie의 역할이 중요하다. 여기에서 폴리는 기존 구조와 새로운 삽입구조 사이에서 새로운 관계설정과 왕복 및 교차를 통한 새로운 의미를 드러나게 하는 역할을 하게 된다.

거시적으로 보았을 때 Parc de La Vilette에는 다음의 세 가지의 중첩체계가 있다.
점 체계 - 프로그램상의 요구
선 체계 - 고밀도의 보행자운동을 유도
면 체계 - 관련된 모든 행위를 수용하는 공간
등이 있는데 이러한 중첩현상은 프로그램들이 직물과 같이 교차하고 충돌하면서 새로운 행위와 이벤트들이 나타나게 된다.

프로젝트는 폴리에 중첩 되어지는 과정을 개념상 집중적으로 보여주고 있고 프로그램들 사이의 간격두기의 결정적 인자는 시간을 의미한다. 구축의 행위 가운데 건축적 표현체계의 세 인자들(점, 선, 면적 요소들)을 통해 해체하고 재구성하여 새로운 구축방식을 보여준다. 그럼으로써 옛 기억에 해당하는 건축과 공원 그리고 새로운 삽입물들이 전혀 새로운 구축과 공간 및 표현체계를 전체 공간 안에 드러내는 것이다. 이를 통해 츄미는 전혀 새로운 건축적 표현을 드러낼 수 있었다. 사실, 라 빌레트 공원은 건축적 오브제

119. 라 빌레트 공원 프로젝트 다이어그램 분해도

로서 개별 건물(폴리 구조물)들은 오늘날의 시각으로 보면 그다지 특별하지 않다고 느낄 수 있다. 오히려 진부하게까지 느껴지고 빨간색의 구축물들에서 별다른 감동을 느껴질 수 없다는 의견이 많다. 그러나 그것은 숲을 보지 않고 나무 하나를 보고 평가하는 것과 다르지 않다.

그는 전체적 공원체계에 새로운 글쓰기의 체계와 같은 건축 어휘들을 심어 놓음으로써 전체공간에 활력을 불어 넣고 과거와 현재와 미래에 새로운 글쓰기, 즉, 공간에 새로운 건축적 글쓰기를 기입하려고 했던 것이다. 이런 측면에서 라 빌레트 공원을 바라 본다면 그의 의도가 철학적 고려에서 나온 흔적임을 느낄 수 있다.

츄미는 일반적인 해체건축가가 사용하는 탈구축적인 어휘를 기본적으로 사용하고 있다. 그 역시 일반적으로 지지의 의미로 사용되는 구조적 프레임을 변화시켜 사용하고 그리드와 모듈의 변조와 중첩을 통해 새로운 공간감을 갖도록 유도했다. 또한 상호작용과 지각작용 및 연상작용이 가로를 통해 벌어질 수 있도록 이질적 요소들이 교차되도록 했다.

120. La Vilette 프로젝트의 각 요소 계획 및 선적 요소의 계획

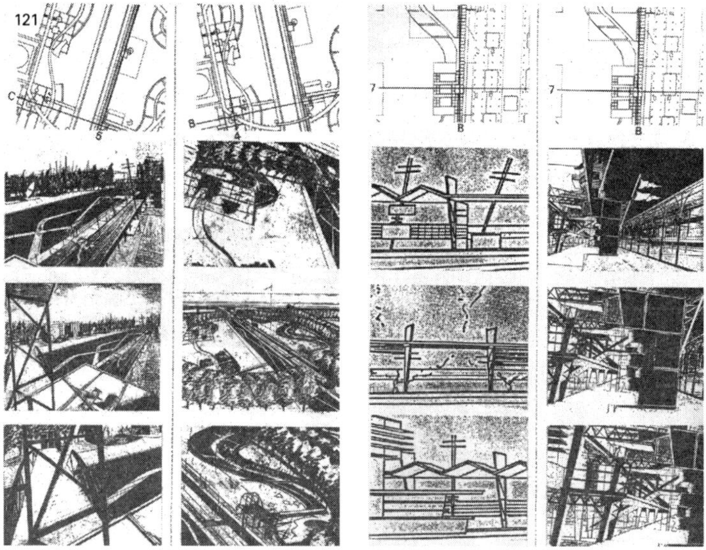

3권에서 매직 나인magic9으로 통칭되는 기본적 텍토닉의 원형이 되는 요소들의 변형을 통해 구문적 실험을 수행했던 아이젠만의 예를 들면서 기본적 구조에 대해서 설명한 바가 있다. 이 구조는 오늘날에도 기본적인 상가나 저층의 단순한 오피스 건물에 사용되고 있다. 이 유형을 가장 효과적이고 실용적이고 저렴하게 구축시켜 기능할 수 있다. 그러나 이 건물로부터 무언가 심리적이거나 억압된 주변의 무언가의 다양한 것들을 드러내는 것을 기대하기란 애초부터 무리이다. 그 가능성은 예를 들어 아이젠만의 실험과 같이 두 개의 평면이 각도를 달리하여 겹쳐지면서 만들어 내게 되는 건축요소들의 구문적 변주속에서 성취될 수 있다. 혹은 한 번 더 치고 들어가 중첩superimposition의 해체적 어휘를 잘 표현한 라 빌레트 공원의 그리드와 중첩요소인 폴리Folie는 이 프로젝트의 가장 중요한 요소들이다. 각 폴리들은 그 위치에 따라 다양한 형태와 구조를 보여주고 있는데 모든 폴리들이 기본적인

121. 라 빌레트 공원 프로젝트, 점, 선적 요소와 이벤트의 시퀀스

매직 나인의 기본 구조에서 변형되거나 새로운 구조가 덧붙여지거나 왜곡되고 뒤틀리면서 기존의 기본구조로서는 표현할 수 없었던 다양한 건축구성 및 공간적 실험이 가능하게 되어 있다.

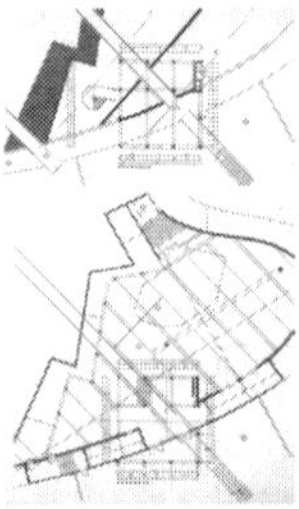

122

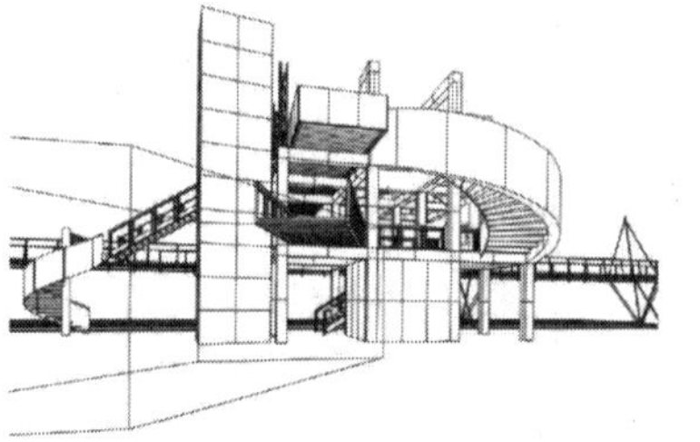

123

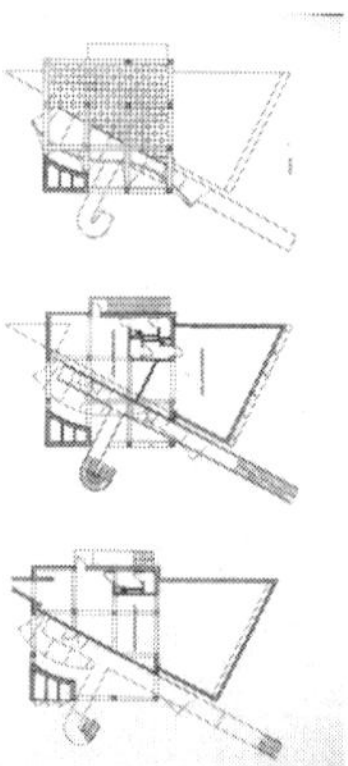

124

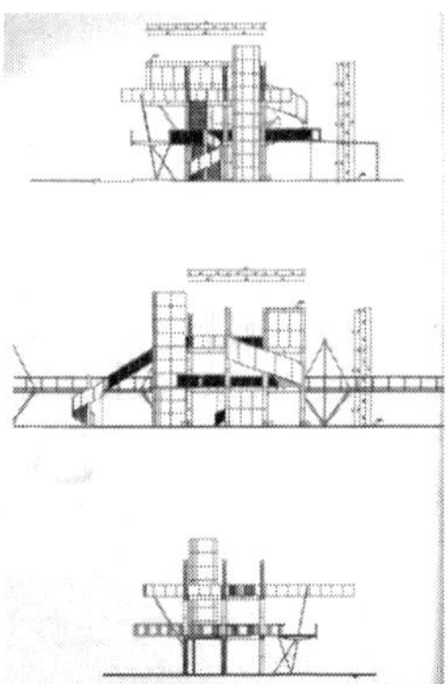

125

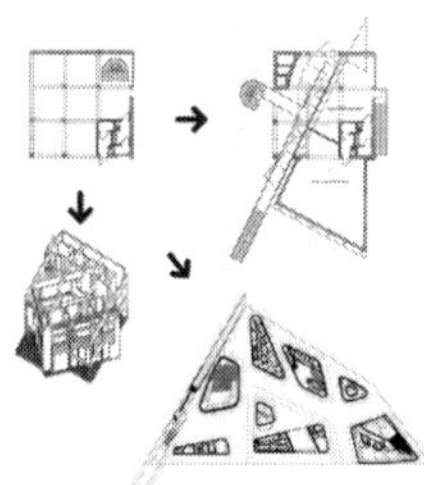

126

위의 그림에서 볼 수 있듯이 모든 폴리들은 건축에서 가장 기본적으로 자주 사용되는 3 bay System(Magic9)이 기본이 되어 필수적인 화장실이 포함된 코어를 중심으로 수직이동계단이 포함된 건축어휘와 구조에서 사선으로 삽입되거나 절개되거나 부가적인 형태와 동선이 첨가되면서 틈과 사이공간들이 생성되고 수직, 수평적으로 연결되고 때로는 램프 등의 동선들이 연결된다. 기존의 기본적인 돔-이노 구조같은 기본적 구조가 드러내거나 표현할

122. 폴리 평면
123. 폴리의 전경
124. 폴리 평면
125. 폴리의 입면
126. 기본형의 변형과 조절

수 없었던 것들을 드러낼 수 있게 되어 인식적인 측면에서 안정화시킬 수 있는 다양한 방법론에 대해서 실험을 하고 있다. 기존 컨텍스트내에 다른 그리드 체계의 구조를 중첩시켜 삽입하고 교차점에 다양한 기본구조의 사이공간을 실험한 폴리들이 다시 기존 컨텍스트의 여러 시설과 교차할 수 있는 다양한 동선과 연결되어 교차하게 된다. 이를 통해 이벤트와 관련된 시퀀스들을 만들어내는 것과 신체의 이동과 함께 기억과 다양한 경험이 교차되면서 새로운 체험을 할 수 있도록 짜여지는 것이 츄미가 의도한 바였고, 역사적 컨텍스트를 현대에 되살리는 효과적인 방법론으로 인정받은 것이다.

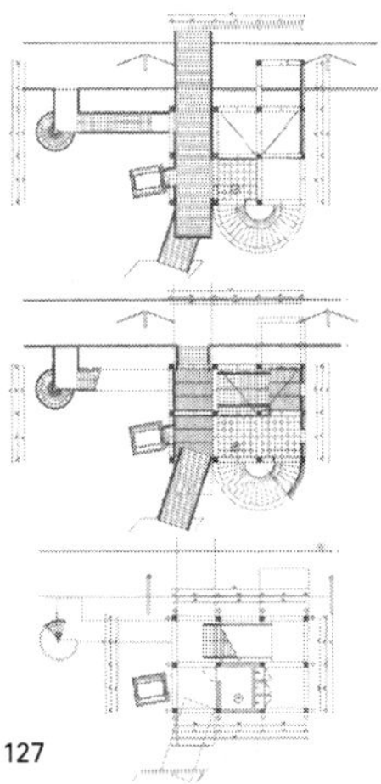
127

결국, 그는 선물의 매스 위로 새로운 구축 그리드 요소와 사이의 구축 요소들을 삽입하여 사이 공간들을 만들고 다양한 코어와 수평, 수직 연결동선들을 그 안에서 다양하게 교차시킨다. 그것은 선형 코어와 프로그램의 띠가 수용하는 기능적 공간과 분리하는 계획을 하는 것이고 '사이공간'에서는 이들을 연결하는 개념을 사용하고 있다. 이곳에서 이벤트적 프로그램의 병치에 의해 그의 프로그래밍 개념을 구체화함으로써 이접 양상을 도출해내는 공간을 배치해 주게 된다.

라 빌레트에서의 프로그램의 띠는 이벤트적 프로그램과 사이공간의 결합함으로써 사이공간 내에서 운동과 프로그램이 결합된 독자적인 건축체계를 창출하고 있다. 즉, 공간과 프로그램, 운동의 세 축으로 프로그램을 해체하여 기존의 건축체계와는 전혀 다른 체계를 구상할 수 있음을 츄미는 제안하고 있다.

127. 폴리 평면

필자는 라 빌레트 공원의 소 도축장의 역사와 파리외곽에서 벌어졌던 혁명의 역사들이 교차하면서 독특한 이미지가 떠오르는 것을 경험한다. 물론 프랑스에서 과거와 현재를 살아가고 있는 시민들이나 역사에 정통한 사람들보다는 느끼는 지식과 감각이 현저하게 떨어지겠지만 파리 근현대의 시민혁명의 역사, 그 과정에서의 잔혹했던 피의 역사 등이 교차하면서 초현실적인 그 무언가의 감정이 떠오르는 것이다.

이 건축 작품은 마치 봉준호 감독의 영화 '살인의 추억'에서 주요하게 쓰였던 이미지 연상 방법론과 비슷한 감정을 떠올리게 만든다. 80년대 군사독재 시절의 암울했던 억압과 저항, 시위 및 살인, 그리고 고문의 기억들이 되살아나는 느낌을 받게 된다. 또한 피해자는 있지만 가해자는 찾을 수 없는 현실, 우리 현대사의 어둡고 습했던 기억들이 무의식속에 교차한다. 우리는 영화를 보면서 소름끼치는 감정이 느껴지면서도 한편으로 그 시절이 아련하게 그리워지는 묘한 감정이 일어나게 됨을 경험하게 된다. 이 영화의 기법과 마찬가지로 라 빌레트 프로젝트는 파리외곽의 도축장이 있었던 장소 위에 새로운 그리드 체계를 삽입하고 과거와 현재를 동시에 연결하여 재해석하고자 하는 행위 역시 영화 '살인의 추억'을 보며 느끼는 감정과 유사한 역사적 기억의 교차를 경험할 수 있을 것이다. 그러한 츄미의 방법론은 연상기법 방식과 비슷하다고 할 수 있을 것이다. 도축장 시설로 파고 드는 동선이 연결된 옛 공간을 현대적 시설로 변화시킨 것과 공원속의 각종 동선과 중첩 등을 통해 파리의 역사와 현실이 교차하며 이전에 드러낼 수 없었던 기억들을 드러낸다. 성공적인 해체적 해결방식이라고 할 수 있다.

128, 129. 영화 살인의 추억의 한장면

기존의 역사적 컨텍스트에서 드러낼 수 없었던 상황을 드러내고 안정화시키는 작업은 기존에 버려져 있다시피 했던 역사적 장소를 현대적으로 되살리면서 컨텍스트상에서 말할 수 없었던 것과 드러낼 수 없었던 것을 드러낼 수 있도록 만들게 된다. 다른 무엇보다도 새로운 건물을 특정 장소에 프로그램이 주어지면 바로 채워 넣어 매스를 만드는 방식이 아니라 넓은 공간에 점, 선, 면의 중첩과 폴리들의 연결 등을 통해 기존의 역사적 공간과 새로운 공간들이 하나의 텍스트들이 되어 상호텍스트성의 역할을 통해 새로운 기입(글쓰기)이 되고 새로움을 만들어 나갈 수 있는 가능성이 생긴다.

츄미는 교차텍스트의 상호텍스트성을 건축적으로 만들어내는 작업을 계속 해왔다. 상호텍스트성은 역설을 부정한다기 보다는 오히려 그것을 강화시켜 교차의 과정속에서 그것을 드러내고 내적인 경험과 이벤트, 카타르시스, 공포 등의 몸 철학(지각의 현상학)과 결합되는 요소들이 상호 움직임 속에서 교차되면서 다차원적인 이벤트를 경험하게 된다. 합리적인 이성에서는 결코 경험할 수 없는 쾌락과 공포의 엑스터시는 기존의 합리적 이성의 구축 방식으로는 구현할 수 없다.

5014 츄미의 작업과 바타이유 사유와의 접목지점

바타이유는 에로티즘을 주된 연구대상으로 삼았는데 그의 에로티즘은 금기의 것들이 교차하고 침범하는 극단의 사유를 추구하는 것이었다. 그는 고독, 침묵, 극단과의 대면, 즉 죽음과의 대면을 통해 이 양극단의 것이 둘이 아니라 분리되어 있는 듯 한 개체가 순간적으로 교차하고 불타올라 소진하는 가운데 경계가 해체되고 용해되는 것에 주목했다. 그는 그 과정을 통해 진정한 삶을 찬양할 수 있는 역설을 이야기하고자 하는 것이다. 마찬가지로 해체의 양 극단을 오가며 새로운 것을 드러낼 수 있는 방법론 역시 유사한 특성을 보이게 된다. 상호교차의 텍스트성이 그것을 극대화하여 드러낼 수 있는 방법론이 될 수 있다.
사이의 건축은 그래서 관계를 다시 구축하는 것이고 보수적인 구조와 기존 체계를 위반하고 침범하여 다른 것으로 변형시키는 관능적인 행위를 만들어낸다. 바타이유의 사유를 통해 우리는 해체주의적 사유와 지각의 현상학적 사유가 만나는 부분을 경험하고 사유할 수 있다. 건축에서 이벤트와 사건 그리고 의미의 해석은 결국 우리의 신체의 이동과 신체를 이용하여 감지하는 것이기 때문이다. 따라서 신체는 공간의 물질성과 조화를 이루는 동시에 교차하게 된다. 혹은 침범하는 것으로 볼 수도 있다. 몸은 그 자체에 공간적인 속성을 담고 있다고도 볼 수 있다.

3권에서 구조주의를 논할 때 바르트(3권 p39)는 인간의 주요행위인 쇼핑(구매)행위를 에로틱한 관능성으로 사유했음을 살펴보았다. 구매와 만남의 장소인 쇼핑공간은 현대인의 니즈를 만족시켜주는 곳으로 마치 뒷골목의 은밀한 성적 거래와 같이 상호의 욕망이 매끈하게 교차하고 흐르는 공간임을 언급한바 있다. 성적 행위와 상호 DNA의 교차와 새로운 생명의 잉태 등과 관련된 요소들은 교차와 새로운 의미를 생성하는 행위와 밀접한 관계를 지니고 있다.

외적인 볼륨으로 드러나는 이성적인 구축물과 어둠속에 침잠하여 끊임없이 헤매도록 유도하는 미로는 서로 다른 성격이다. 그러나 이 둘은 서로를 끊임없이 교차하고 침범하면서 해체적 과정을 거쳐야만 한다. 츄미는 이렇게 에로티즘적인 건축, 바타이유가 추구하는 역설적인 진정한 삶의 건축이 가능할 것이라고 본 것이다.

1권에서 살펴본 바와 같이 해체주의를 표방했던 많은 건축가들은 1920년대 러시아 아방가르드 건축가들 및 예술가들의 혁명적 이미지들로부터 직 간접적으로 영향을 받았다고 고백하고 있으며 그들 역시 당시의 이미지와 비슷한 내, 외부 공간의 이미지를 만들어냈다. 1920년대 러시아의 혁명적인 사회적 응축기social condensers는 사회적인 변혁을 위한 평화로운 도구로서 개인과 사회 사이의 관계를 변화시키는 수단이 되는 측면이 있다. 다만 건축 분야에서 해체주의는 성급하게 이즘ism이 되고자 했던 욕망으로 인해 단순한 형태적 유희와 같은 실험으로 집중되었고 그 결과 과잉으로 흐르게 되어 소멸하게 되었다고 볼 수 있다.

츄미가 이벤트라는 자신의 사유와 작품을 설명하여 책으로 엮어 연속으로 내놓고 있는 작업(Event Cities 시리즈 1, 2, 3)을 살펴보면 그의 작업이 해체적인 작업임을 극명하게 확인할 수 있다. 이벤트는 기존 구조와 츄미가 제시하는 새로운 구조사이에서 기존의 구조로는 드러낼 수 없었거나 끊임없이 차연으로 내몰았던 것을 보완하여 좀 더 풍부한 행위와 만남, 가능성을 드러낼 수 있는 방법론에 대한 끊임없는 실험을 위한 사유 주제였다. 츄미의 작업과 개념은 해체적 드러남을 효과적으로 실현할 수 있는 방법론은 계속해서 일관적으로 사유하고 작품으로 시도하여 발전시켜왔다는 점에서 해체주의 사유를 접목시키는 건축가로서 중요한 인물로 자리매김 되고 있다.

5015 다니엘 리베스킨트의 해체건축 실험

130

전세계적으로 활발하게 활동중인 유태인 출신 다니엘 리베스킨트는 뉴욕 쿠퍼 유니온에서 건축을 배웠다. 앞서 살펴보았듯이 쿠퍼 유니온은 해체주의 사유로부터 영향을 받은 건축가들이 교편을 잡고 그들의 사유를 커리큘럼화시켜서 가르치는 경향이 강했으며 현재도 그러한 영향하에 계속해서 발전하고 있다. 그런 측면에서 리베스킨트의 작업도 그러한 배경에서 발전해왔음을 쉽게 이해할 수 있다. 다니엘 리베스킨트가 설계를 진행하는 개념적 실체는 드로잉이나 오브제에서 잘 나타나고 있다. 그의 사고에 나타나는 해체주의적 개념 중 상호텍스트는 텍스트가 자율적으로 존재할 수 없음에 착안하여 기존의 매체적 요소를 추상화하여 변형시키는 탈 장르적인 표현의 방법론을 사용한다. 그는 수학이나 그림, 음악 등의 일반적 원리로 출발하여 다음 단계로 구조와 기하학의 추상화된 선과 면으로 전이시키고 병치시켜 변화시키는 표현의 방법론으로 사용되어 왔다. 이를 통해 자신의 독특한 아이덴티티를 확보한다. 그의 건축은 다른 해체주의 건축가들보다도 더욱 파편화되고 다양한 선이 교차하는 표현을 보여준다. 즉, 역사의 축과 시각의 축들이 상호 교차하는 가운데 해체의 의미를 찾는다. 리베스킨트의 건축형태는 혼돈의 양상과 그것들의 질서를 동시에 드러내고 있으며, 전체구성에서는 질서를 파기하고 무질서한 것에 질서를 다시 부여하는 방식을 사용하고 있다.

그의 건축 방법론은 유클리드 기하학의 직교 좌표계를 탈피했다. 이것은 어떻게 보면 중심으로서의 사고를 부정하는 것이나 마찬가지이다. 그것은 데

130. Micromegas, 1981

카르트의 이성적 사고와 체계적 질서를 거부하는 것이기도 하다. 이렇게 중심을 부정하여, 지그 재그의 평면은 이질적이고 복수적인 공간을 선보이며 접히고 펼쳐지는 면이 산종되는 효과를 나타내고 있다. 선의 불규칙성과 기하학적 구성은 창의 부재에서부터 2차원의 평면, 그리고 3차원의 볼륨까지 건물의 공간적, 조형적 표현수단이 되었다.

-리베스킨트의 건축표현 특성

그의 건축적 표현은 중첩을 통해 이중적인 특성을 보이는 건축표현을 지향한다. 그는 형태를 갑자기 단절시키거나 확장시킴으로써 거대한 매스가 사선으로 튀어나오거나 들어가는 표현을 자주 사용하여 마치 육중한 매스가 무중력의 상태에 떠 있는 듯한 상황을 연출시킨다. 그의 디자인 어휘를 극명하게 감지할 수 있는 사례로서 유태인 박물관을 살펴볼 수 있다.

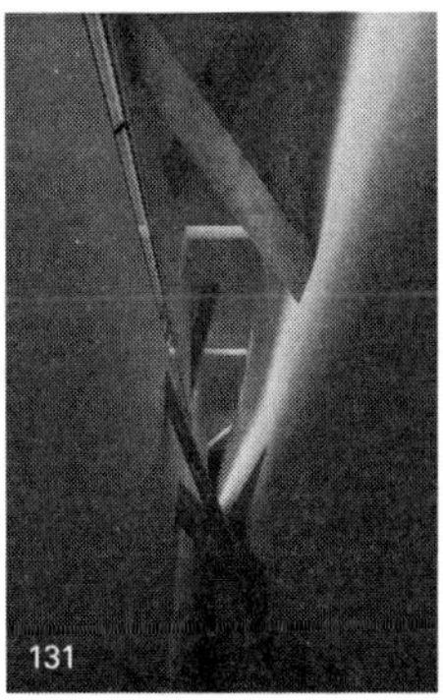

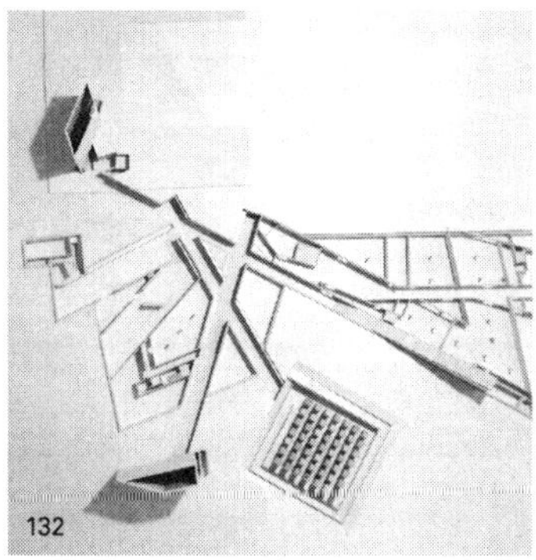

이 작품에서 그는 아놀드 쇤베르그 오페라의 제3막(음악적 차원)과 베를린에서 추방된 사람들(역사적 사실과 텍스트)과 발터 벤야민의『아케이드론』(유태인 철학자) 등의 개념을 이용하여 다양한 교차와 건축적 요소들의 중첩이 벌어지는 실험을 수행했다. 또한 그는 도시의 의미있는 다양한 지점들의 선을 따와 여러 가지의 축을 사용했는데 그가 명명한 축을 살펴보면 연

131. 내부 계단공간
132. 동선과 축의 분해 모형도

속성의 축'Axis of Continuity', 망명(유랑)의 축'Axis of Exile', 홀로코스트의 축 'Axis of Holocost' 등이 있다. 쇤베르크의 현대적 음악의 방법론과 상징성, 2000여년을 떠돌아 지내왔던 유태인의 삶, 아케이드론을 쓰면서 현대성에 대해서 사유하며 독특하게 자신의 주장을 펼쳤던 벤야민의 사유가 적절하게 녹아들어간 그의 건축어휘와 공간은 다양한 알레고리적 효과를 발생시키고 있는 것만큼은 분명해 보인다.

133

유태인 박물관은 진입방식부터 매우 독특하다. 유태인 박물관은 18세기경 바로크시대에 축조된 건물(뮤지엄으로 사용)과 연계되어 배치되어 있다. 방문객들은 옛 박물관의 1층에 우선 진입한 이후 박물과 1층에서 지하로 진입하여 새로 구축된박물관 영역으로 이동한다. 이 때 방문객들은 지하공간의 통로에서 앞서 언급한 세 가지 축의 공간을 경험하게 된다. 방문객들은 건물 지하로부터 3층까지 직접적으로 연결된 긴 상징적인 통로공간을 지나

133. 뮤지엄 내부공간의 동선 분해 개념도

새롭게 계획된 건물의 최상부층으로 진입하는 공간을 경험하도록 계획되어 있다. 하늘에서 보면 번개lightning과 같은 형태이지만 거리에서 보면 기존의 수목으로 적절하게 가려져서 이질적인 재료의 사용에도 불구하고 기존의 거리와 이질적 느낌이 들지 않는다. 새롭게 연계된 그의 건축물은 놀랍게도 바로크 시대의 건축물을 통해 지하로 연결되고 이것이 3개의 축을 통해 인도되면서 건물 3층으로 바로 이끌리게 된다. 마치 기존의 구조(18세기 바로크식 건물) 밑에 표현할 수 없이 숨어있거나 잠재되어 있던 유태인의 역사와 비극, 욕망 등이 기존 컨텍스트의 구조 위로 솟아올라 온전하게 표현되고 있는 느낌이다. 3권에서 설명한(p48~50) 후기구조주의의 내용, 즉 카오스라는 거대한 욕망의 바다 위에 구조가 둥둥 떠있고 어느순간 욕망이 기존 구조 위로 솟구쳐 오르며 유령처럼 드러나는 것을 리베스킨트는 의도했을 것이다.

인간의 삶을 담는 그릇을 만드는 건축분야는 자연스럽게 무의식적인 부분이 존재하는데 이것은 합리적인 의식의 영역으로는 설명하기 힘든 부분이다. 인간의 심리, 욕망과 관련해서 의미화를 만들어내는 영역은 사실 앞서 설명한 알레고리적 성격으로 통합되어 나타나게 된다. 이 건축물은 앞서 이론부분에서 설명한 키워드 중에 상형문자와 같이 시간과 공간 속에 상형문자의 흔적을 남겨 놓는 하나의 상징적 측면을 가지고 있다.

134. 구관과 신관 뮤지엄
135. 뮤지엄 외관

-벤야민을 언급한 리베스킨트

여기에서 리베스킨트가 유태인 철학자인 발터 벤야민을 언급한 것이 흥미롭다. 우리는 1권에서 발터 벤야민의 사적 유물론과 메시아적 세계관을 합치하려는 사유에 대해 살펴보았다. 인간의 역사적 측면과 사유체계와 신의 영역에 해당되는 시각이 공존하여 교차하거나 통합하려는 시각으로 보았을 때 무언가 다른 방식으로 읽혀지거나 표현하면 기존에는 드러나거나 보이지 않았던 부분을 볼 수 있으며 그것을 초월하여 통합시킬 수 있는 방법론을 찾을 수 있다고 그는 믿었다. 리베스킨트는 유태인 박물관에 유태인이자 독특한 방법론으로 사유했던 발터 벤야민의 메시아적인 세계관을 적용하여 다양한 축과 독특한 방법론으로 새로운 해체철학과 연결된 건축을 선보여 이에 호평을 받았다.

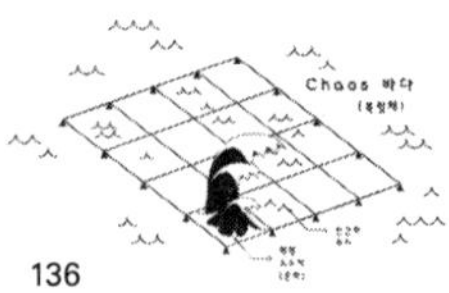

136

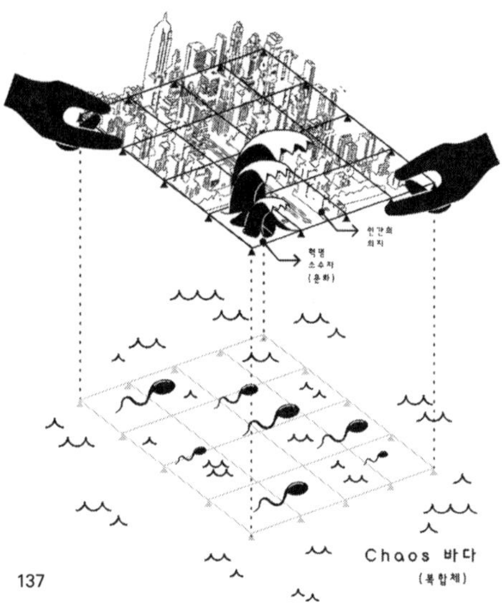

137

136. 카오스 바다위의 구조와 변혁의 메커니즘
137. 카오스 바다위의 구조만 걷어내고 보기

벤야민의 사유를 간단히 요약하면 다음과 같다. 역사의 의미를 제거하면 결국 이미지만 남게 된다. 다 지우고 나면 '축물'들만 남게 된다. 무언가 다른 연상작용을 불러일으킨다. 멜랑콜리의 시각으로는 역사, 문화, 기타 건축물의 내, 외적 요인들을 전부 제외하고 건축물이라는 겉껍데기(물질)만 남게 된다. '역사는 실제로 이것을 보여주려는 것이 아닐까?' '혹시 현상을 의미로만 본 것이 아닌가?'하는 의문이 들 수 있다. 벤야민은 이러한 역사의 의미를 제거한 물질이 무언가 다른 말을 걸어오는 것으로 보았다. 그는 '사물의 언어에 귀 기울이는 것이 매우 중요하다.' '의미하는 언어 때문에 못 보았는데 이미지만으로 보면 다른 언어를 볼 수 있게 된다' 라고 생각했다. 그는 그것을 일종의 번역이자 의미화의 과정이라고 생각한 것이다. 그래서 멜랑콜리의 시선은 알레고리적인 시선이며 벤야민은 알레고리를 통해 역사적 의미가 지워진 상태의 역사적 의미를 판독하려는 시도를 했다. 철학자이기는 하지만 그는 '이미지의 철학자'라고 불릴만 하다. 그런 의미에서 건축과 조형 관련의 디자이너들이 생각해보아야 할 점이 많은 이유기도 하다.

그래서 그에게는 알레고리적 시선(이미지)이 중요하고 이것은 달리 말해 통합적으로 바라보는 관상학적인 시각이다. 그에게 있어서 진정한 의미는 총체적 의미이다. 그는 이것을 아케이드 프로젝트로 진행시켰다. 벤야민은 파리의 카페-파사쥬-시선 등을 통해 의미의 층위를 벗겨내고 무효화하는 것, 그리고 나타나는 형상이 무엇인가를 드러내려고 하는 본래의 것을 보여주는 작업에 집중했고, 이것이 바로 아케이드 프로젝트가 지향하고자 하는 바였다. 벤야민의 아케이드 프로젝트는 해체적인 관점에서 앞서 언급한 베틀과 짜기의 키워드로 비교해 보면 컨텍스트라는 도시의 텍스쳐에서 끊임없이 서로를 왕복해나가면서 숨겨지거나 드러낼 수 없었던 것을 온전하게 드러낼 수 있게 만들고 통합시키는 힘이 있다.

벤야민이 언급하는 전혀 이질적인 두 가지 요소(서구 신학적 메시아관, 변증법적 유물사관)들은 서구 역사에서 너무나 거대하고 이질적인 흐름이어서 두 가지를 병립시켜서 사유하고 통합시키는 것은 불가능해 보인다. 그러나 우리가 논의했던 바와 같이 해체적 사유, 두 가지를 침범하여 교차하는 바타이유의 사유와 같이 벤야민은 자신만의 독특한 편집방식과 꼴라쥬의 기법을 통해 근대 이후 처음 등장했던 유형인 아케이드라는 공간이 만들어 내는 현상에 주목했고, 당시 물질적 현상이 나타내는 이면의 근본구조가 무엇인지를 드러내고자 했다. 그런 점에서 벤야민은 해체의 사유와도 맞닿아 있다고 볼 수 있다. 앞서 살펴본 리베스킨트의 유태인 박물관이 유태인의 유랑의 역사와 슬픔, 고난, 무의식 등을 수면위로 잘 드러났던 바와 같이 벤야민의 작품 역시 자본사회와 모더니티 사회에서의 이러한 요소들을 통합적으로 바라보고 본 모습과 욕망을 드러내고자 했을 것이다.

5016 자하 하디드의 해체주의 건축실험

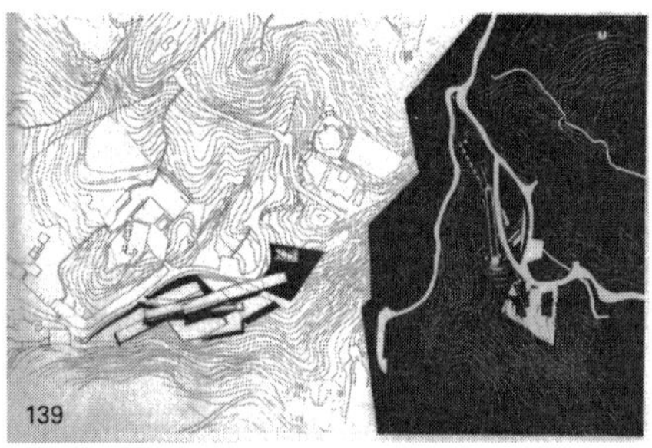

AA에서 수학한 자하 하디드는 말레비치의 회화와 사선구도로 대표되는 회화와 같은 드로잉에서 건축형태와 공간의 특징이 명확하게 드러나고 있다. 그녀는 드로잉(유화)을 건축도면을 그리기 전에 먼저 그린다. 그녀의 그림은 건축인지 회화인지 구분이 되지 않는다. 그녀는 이러한 효과를 염두에

138, 139. 자하 하디드의 드로잉 Hongkong Peak

두고 회화를 먼저 그리는 것이다. 그래서 그녀의 작품 진행순서는 우선 아이디어를 집대성하여 직관에 의해 드로잉을 먼저 그리고 이후, 작은 부분까지 디테일하게 렌더링을 하게 된다. 또한 표피로서의 건축을 만들기 위해서 작은 부분까지 디테일하게 그리는 작업을 최후로 수행한다.

그녀의 드로잉의 특징을 살펴보면 다음과 같다. 첫째로 독특한 시각적 처리를 들 수 있다. 그녀의 드로잉을 살펴보면 마치 사물이 변화되고 전개되는 과정에서 시간과 공간을 무중력상태에서 본 듯한 느낌이 들도록 처리하고 있음을 확인할 수 있다. 두 번째로는 무질서와 불규칙성의 특성이 드러나는데 평면과 입면에서 나타나는 드로잉의 모습은 무질서한 불규칙한 도형으로 구성되어 있음을 확인할 수 있다. 세 번째로는 탈 중력적 개념을 들 수 있다. 이것은 뒤틀리고 비스듬히 기울인 선과 면을 사용하여 중력에 대항하는 효과를 주는 것이다.

회화의 사조로 살펴보면, 그녀의 회화는 말레비치의 회화와 리츠시키의 프라운 등의 사선구도와 색채 등에 있어서 비슷한 점을 많이 발견할 수 있다. 구성요소들의 특징을 살펴보면, 크고 작은 육면체로 이루어진 복합구성인데, 대부분의 요소들이 만들어내는 사선구도는 조형적 긴장감과 강한 시각적 자극을 제공하고 있다.

140. 자하 하디드의 해체실험 드로잉

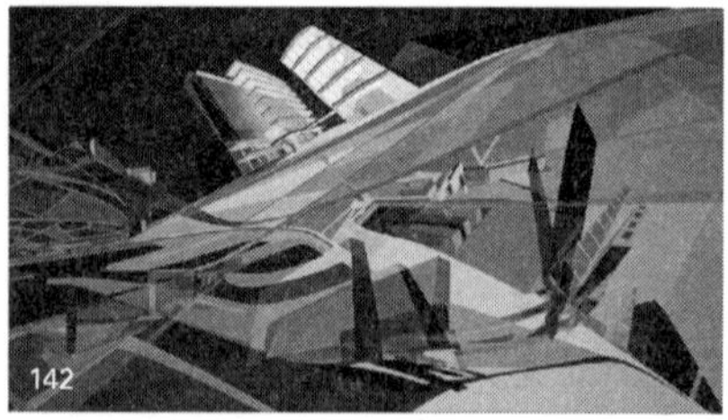

이 시점에서 우리는 자하 하디드가 스케치나 모델을 만들지 않고 먼저 드로잉을 하는 이유가 무엇인지에 대해서 궁금증이 유발됨을 느낄 수 있다. 더 많은 노력이 들고 번거로운 유화 드로잉을 먼저 그리고 도면작업에 들어가는 이유는 무엇일까? 건축도 마찬가지로 선을 그리는 그 순간 그녀는 그 드로잉을 일종의 상호텍스트성으로 생각하는 것이다. 데리다가 주장한 대로 일단 기존의 방식대로 글을 쓰는 그 순간 대리 보충의 부족한 상태로 악순환이 계속된다는 주장을 했다. 그녀는 그것을 초월할 수 있는 새로운 표현방법, 즉 텍스트로 말하자면 새로운 글쓰기의 방법을 만들기 위해 고심한다. 그래서 나온 방식이 바로 이미지에 대한 드로잉을 먼저 그리고 그 드로잉에서 다양하게 상상하여 건축적 가능성을 찾은 이후, 그 가능성을 토대로 앞서 언급한 미래완료적 글쓰기 방법론을 이용하여 건축을 만들었을 때 대리보충의 세계를 극복하는 것이 가능해질 것이다. 이러한 자세는 해체주의 사유에서 대리 보충을 극복하기 위해 현재에 미래를 기입하는 구축방법론(선미래적 글쓰기)을 생각함으로써 자하 하디드의 건축과 같은 새로움의 건축, 혹은 드러남의 건축이 가능해진다는 생각을 할 수 있다.

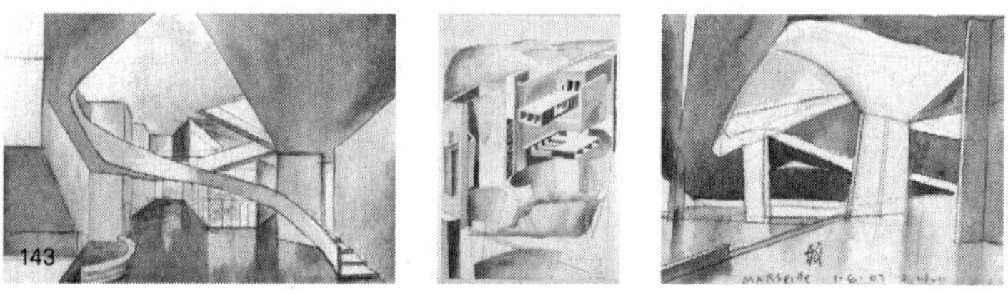

141, 142. 자하 하디드의 해체실험 드로잉
143. 스티븐 홀의 수채화 드로잉 실험

2권에서 현상학적인 접근방식을 취했던 스티븐 홀의 경우, 마찬가지로 직접적인 건축적 작업을 시작하기 이전에 공간에 대한 이미지를 수채화로 작업하면서 구상의 시간을 갖는 것으로 알려져 있다. 그의 태도 역시, 일반적인 글쓰기로는 기존 건축의 감각을 넘어설 수 있는 작업이 나오기 힘들다는 것을 알고 있을 것이다. 먼저 글쓰기 행위(기입행위)를 다른 방식으로 수행하고 그 이후에 도면화 하게 된다. 그의 수채화의 농담은 현상학적 관점의 분위기와 감각을 표현하는데 적합해 보인다. 우리가 캐드나 도면상에서 그리드체계로 먼저 그리고 2차원적인 한계내에서 코어를 삽입하고 실을 계획하는 도면체계를 그리다보면 어디서 많이 본 듯한 천편일률적인 도면이 나오게 됨을 쉽게 느끼게 되는데, 이렇게 다른 방식으로 접근한 이후에 그 다른 방법론을 바탕으로 도면화하는 과정을 거치게 되면 분명 다른 차원의 독특한 작품으로 잠재성이 현시될 가능성이 더 높아 보인다.

예를 들어 설명해보자. 다음의 도면은 소규모 문화시설을 계획한 도면이다. 먼저 기둥간격을 고려해서 50㎡의 그리드 박스를 주위 환경에 맞게 블록화해서 배치한다. 외부 배치와 관련하여 적절 공간과 진입부에 주차장과 사람의 진입공간을 배치한다. 이후 접근 및 동선관계를 고려하여 코아를 배치하고 내부 동선을 연결하면서 방을 구획한다. 이러한 작업을 하기 위해 대지평면도 위에 트레이싱지를 붙여놓고 적절 모듈의 그리드 선을 먼저 그린 후 작업을 진행한다. 이른바 전통적인 2차원적인 레이어링 방식이다. 학교와 같이 선적인 건물의 경우 중간에 복도가 생기고 중심으로 진입구의 로비와 코어가 배치되고 복도양측으로 기능을 위한 실들이 배치되는 천편일률적인 도면들이 양산된다.

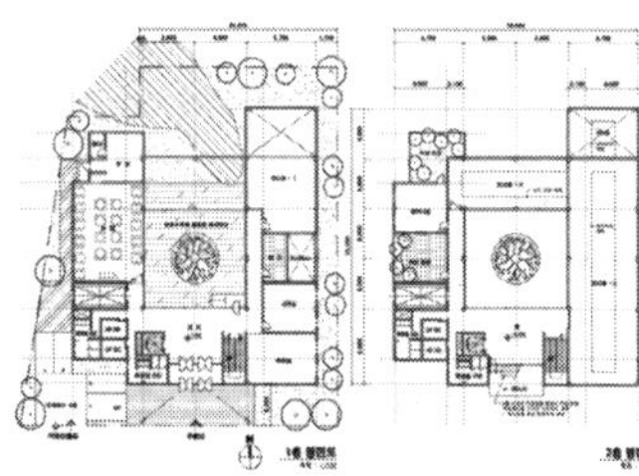
144

144. 일반적인 도면 작성 방법론

필자의 의도는 이러한 방식을 수행하는 것이 바람직하지 않다는 것을 이야기하고자 하는 것이 아니라 이러한 전통적인 방식을 고수하다보면 동일성의 순환고리에 빠져 천편일률적으로 어디에서 본 듯한 유사한 공간이 나오게 되는 단점을 계속해서 반복할 가능성이 다분히 존재한다는 점을 강조하고 싶다.

또 다른 예를 들어보자.

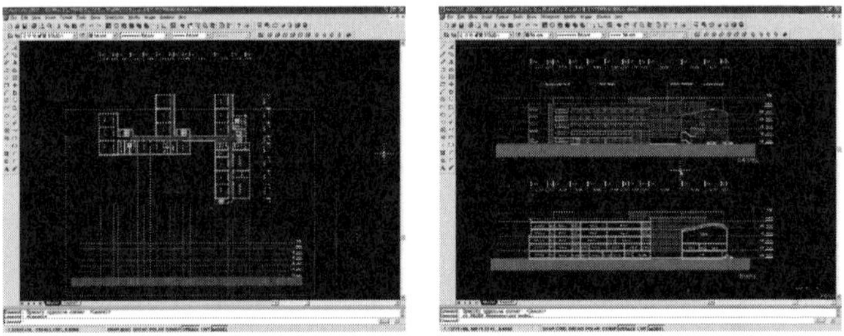

145

다음의 도면을 보면 오피스 빌딩의 건물인 경우 2차원의 기본 평면 그리드가 기본이 되는 도면에서 개별 실들과 코아 및 복도가 배치된 이후 연결동선을 고려하고 집회시설도 덧붙여주는 등의 일반적인 평면짜기 프로세스가 진행된다.

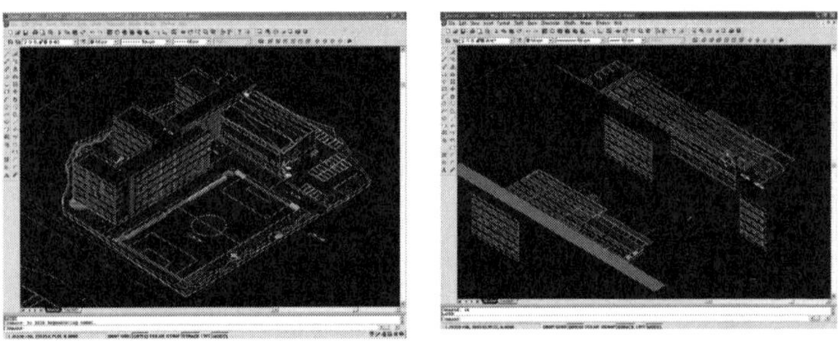

146

145. 일반적인 도면의 레이어와 구축방식
146. 일반적인 도면의 레이어와 구축방식과 결과물

이후 입면과 슬라브가 구축되면서 우리가 주위에서 일반적으로 접하게 되는 건물의 유형으로 점차 구체화되고 있는 것을 알 수 있다. 다시 한번, 많은 건축인들이 수행하고 있는 이 방법론이 잘못 된 프로세스를 밟고 있다고 말하고자 하는 것이 아니다. 한정된 예산과 시간 등을 고려했을 때 어쩔 수 없이 이러한 일반적인 방법을 선택하는 경우가 더 많을 것이다. 다만, 이러한 방법을 선택했을 때에는 도구 및 방법론의 태생적 한계로 인해 기존의 구축 방법론으로는 드러낼 수 없는 것들과 억압된 것, 주변화 된 것, 그리고 잠재되어 있는 욕망이 존재하며 온전하게 표현되지 못했다는 점에서 해체주의 담론의 한계를 보여준다고 할 수 있다.

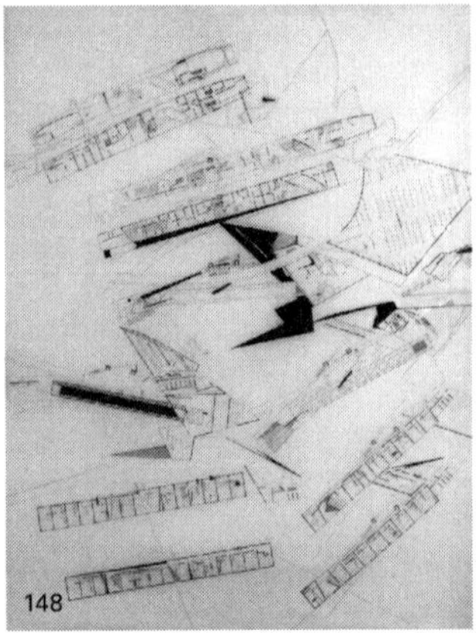

자하 하디드가 진행하는 방법론은 앞서 언급한 일반적 건축 프로세스의 방법론과는 사뭇 다르다. 다른 만큼 다른 방법론에서 오는 다른 양상의 잠재성과 가능성을 충분히 끄집어낼 수 있다. 앞서 설명한 바와 같이 하디드는 학생시절과 초기 자신의 작업을 수행함에 있어서 자신이 생각한 공간을 상상하고 그것을 먼저 유화를 그리는 경우가 많았다고 한다. 그것은 단순한 이미지도 투시도도 아니며, 다이어그램도 아니다. 그러나 그것은 그것 이상의 것을 담고 있다. 방법론의 차이에 따라 한계가 결정되고 그 답이 되는 것도 결정될 수 있다. 기존의 방법론으로는 드러나거나 표현할 수 없는 것을 실현가능하게 하기 위해서는 새로운 질문구조를 가져올 수 있는 방법론을 사용해야 하며 자하 하디드나 스티븐 홀의 방법론은 시사하는 바가 크다.

참으로 일반적인 프로세스와는 다른 생각이 아닐 수 없다. 스케치나 도면이 아닌, 완성도가 높은 회화작품과 같은 작업을 제일 먼저 시작하려고 하는 사고, 이것이 자하 하디드의 작품이 무언가 다른 건축가들과 다른 면모를 보이게 만드는 힘이라고 생각한다. 그렇기 때문에 그녀의 작품에는 역동성과 에너지 및 다양한 감성적 표현이 다른 누구보다도 강렬하게 투사되고

147. 자하 하디드의 해체실험 드로잉 Hongkong Peak
148. 자하 하디드의 해체실험 드로잉

있는 것으로 생각된다. 기능에 있어서는 문제점이 있는 경우도 있다. 어쨌든 그녀는 해체적 감수성을 가지고 계속해서 작업을 하고 있으며 그러한 그녀의 방향성이 오늘날 세계적 디자이너로 성장하게 한 근본적인 힘이 되었음을 부정할 수 없다.

앞서 살펴본 피라네지, 슬러츠키, 조이스의 작업은 기존의 글쓰기 방법론(표현방법)으로는 드러낼 수 없었던 것을 효과적으로 드러낼 수 있는 방법론에 대해서 사유하고 표현하고자 하는 공통점이 있었다. 해체주의 건축을 대표하는 아이젠만, 츄미, 하디드의 당시 건축 작업과 표현 방법론은 그 당시 논의되던 해체주의의 방법론이며 그것은 기존의 방법과는 다른 현재에 미래를 기입하는 방법론(미래완료)이라고 달리 이야기할 수 있다. 글쓰는 순간 대리보충의 악순환의 고리에서 탈출할 수 있는 방법론이기도 할 것이다. 또한 그 방법론은 시대와 세대를 지나면서 새롭게 거듭나야 할 것이다.

149. Hongkong Peak 해체실험 드로잉

PART 3

시사점과 건축적용 가능성

생각해보아야 할 점

- 오늘날의 해체주의는 그 힘을 다하여 소진된 것일까?
- 해체주의 건축은 형태와 공간만으로 한정된 것일까?
- 오늘날 해체주의를 다시 언급하고 그러한 형태를 추구하는 것이 적절한 것일까?
- 비현실 대 현실, 개념성(관념) 대 물질성의 사이공간을 어떻게 구축할 것인가?
- 건축의 외부에서 건축의 욕망을 사고하는 것은 가능한 것인가?
- 오늘날 해체주의의 정당성과 이용할 수 있는 부분은 무엇일까?

이후의 질문은 스스로 적어보고 사유해 보자.

5017 오늘날의 해체주의는 그 힘을 다하여 소진된 것일까?

앞서 언급한 바와 같이 해체주의 건축은 그 과격한 어휘와 표현으로 인해 급격하게 소비되고 빠르게 소진된 측면이 있다. 그러나 해체주의 담론은 인류의 글쓰기 행위나 그와 유사한 구축행위가 존재하는 한 사라질 수 없는 근본적인 질문을 논의하는 담론이다. 본질적으로 해체주의 건축경향이 빠르게 소진된 이유는 그것이 근본적인 해체주의의 담론을 다루었다 라기 보다는 세기말의 시대성과 결합하여 강대국의 문화적 우위를 유지하기 위한 도구적 방법론으로 변질되어 이용되었기 때문이며, 기능이 다한 이후 자연스럽게 폐기된 측면이 있다.

미국을 중심으로 하는 해체주의 건축가들은 데리다의 이론을 형성시킨 사유의 진정성을 이용하여 변질시켰다는 평가를 받을 여지가 있다. 당시 최전선에 있었던 담론 형성자들과 건축가들이 초기에는 아방가르드적인 창조의 진정성이 있었을지 모르겠지만 결과론적으로 하위로 전파되면서 진정성 있는 실험이 실패했다면 그것은 일반 대중들과의 소통 및 이해부족 혹은 오해에 그 원인이 있었을 것이다. 그것은 그들이 극단적으로 이론에 치우쳐 단순히 파괴적이고 파열적인 건축언어와 이미지만을 이용하여 문화 이데올로기로 사용되었다고 비판받을 가능성이 있다. 그런 시각으로 보면 해체주의 건축현상은 후기 산업자본주의로 재편되는 과정에서 세기말적 현상과 결합하어 새로운 시기를 맞이하기 전 과도기석 단계를 지탱하고자 한 일종의 '문화 이데올기'라고 할 수 있다. 해체주의 건축적 경향은 어떤 면에서 세기말적인 문화제국주의의 한 방편으로 사용된 측면이 분명 존재한다. 보통 인류사에서 문화적으로 어수선한 시기에 정신분열과 같은 문화적 특성이 나타나기 시작하는데, 비평가들은 해체주의 건축사조 역시 그러한 시기에 나온 것으로 보는 것이다. 지배세력과 세계적 헤게모니를 쥐고 있는 국가에서는 자연스럽게 문화적 주도권과 문화전파를 위하여 사용되기 마련이다.

이러한 관점에서 후기 산업자본주의에서는 이전과는 다른 형태와 이미지를 지니는 상품논리가 필요했다. 선진국에서는 세기말적인 현상과 더불어 상품으로 전파할 수 있는 문화 이데올로기가 필요했고 해체주의가 그 역할을 담당했다는 의견이 지배적이다. 어떻게 보면 해체주의는 새로운 것이 하늘에서 뚝 떨어진 것과 같은 새로운 사유라기 보다는 구조주의의 언어에 대한 체계에서 존재했지만 소외되어 있었던 것이 관심을 받고 적절한 평가와 함께 제자리를 찾아가고 있는 과도기적 과정에 등장한 것이라고 볼 수 있다. 그래서 세기말의 현상이라고 치부되거나 간단하게 분류되기도 한다. 해체주의 담론에 영향을 받은 해체주의 건축사조는 화려하게 등장하여 한 시대를 풍미하고 사멸했지만 그 사유 자체는 계속적으로 철학적 논의를 발전시키며 이끌어가야 한다. 주체와 객체의 이분법적인 구조가 먼저 있고 그 사이의 부족한 부분을 보충하여 완성되어 가는 과정이라고 볼 수 있기 때문이다. 그래서 언어체계와 관련된 구조는 해체주의에서 매우 중요하다.

건축에서는 이러한 이슈를 만들어 건축적 관심과 시대적 방향성을 촉발시키는 그룹과 그것을 적극적으로 수용하여 전파하는 그룹 그리고 그것을 소비하는 건축그룹이 존재한다. 해체를 주도했던 미국 동부의 몇몇 건축학교에서는 90년대 중반까지 이러한 경향을 유행시키면서 첫째 미국의 문화적 제국주의 위치를 확인시키고(정치적 입장),
둘째, 미국의 선민의식을 제 3세계에 심는다.(주도권의 문제),
셋째, 다가올 제 3세계의 Market을 공략한다.(시장논리) 등을 통해 미국의 문화제국주의적인 특성을 유지시키고 주도권을 강화하려고 했던 논리와 유사한 행태를 보이고 있음을 감지할 수 있다.[45]

4권에서 살펴본 바와 같이(p44~p46) 한 세기를 마감하면서 동시에 다음 세기를 시작하는 시기에는 세기말적인 현상이 나타나는 것이 일반적이다. 데카당한 문화적인 특성은 건축적으로도 퇴폐주의, 과거로의 회귀, 허무주의 등의 경향이 전파되곤 한다. 이것은 어느정도 후기식민주의적인 경향이 전세계에 전파된 것으로 생각할 수 있다.

문화의 흐름은 자연스럽게 선호하는 문화콘텐츠를 중심으로 소비하고 생산에서 소비하는 국가로 흘러가는 경향을 보이게 된다. 마찬가지로 건축에 있어서도 공간의 표현적 경향은 제국주의적인 경향과는 별개로 전파되는 경향은 존재한다. 그런 면에서 전통적인 것과 별개로 문화제국주의적인 것이 모든 것을 차지하며 파괴하고 있다는 생각은 상당히 위험하다. 정치적 입장

45) 코디 최, 20세기 문화지형도, 컬쳐그라퍼, 2010, p193 부분 인용.

에서 미국이 여전히 문화적으로 전파하는 정치적 입장을 계속해서 고수하겠다는 의도이다. 즉, 계속해서 선택하고 분류하고 경향을 끌어가는 권한은 미국이 쥐겠다는 의도를 지닌 것이다. 사실, 이러한 문화정책 및 주도권을 쥐고자 하는 행태는 오늘날에도 계속되고 있다. 건축분야에서도 예외는 아니다. 이 시기는 서구권의 건축교육과 주도권에 해당되는 내용들이 무분별하게 수입되어 전파 되는 시기였다. 건축적으로는 해체주의 건축 등이 그러한 경향으로 볼 수 있을 것이며 오늘날도 여전히 맹위를 떨치고 있는 디자인 패러다임인 패러미터 건축, 노마디즘nomadism[46], 컴퓨터 툴과 프로그램의 발전으로 손쉽게 양산되는 유동적 디자인 등을 떠올려보면 될 것이다.

5018 해체주의 건축은 형태와 공간만으로 한정된 것일까?

포스트모던 풍의 상징성이 뚜렷한 건축경향은 오늘날의 시각으로 볼 때 전달력이 떨어진다고 볼 수 있다. 건축에 커뮤니케이션과 관련된 영역을 도입시키는 것은 그런 외부와의 끊임없는 갈등 및 전위로 파악될 수 있다. 포스트모던 건축의 오리duck와 같이 상징이 매우 직접적으로 이루어지고 있는 표현방식은 오늘날 오히려 전달력이 더 떨어지거나 저급한 것으로 인식되고 있는 것도 사실이다. 그러나 해체주의의 근본적 의미와 드러냄의 요소들이 일반 대중들에게는 좀 더 과격한 세기말적 표현주의 경향으로 잘못 이해되고 빠르게 소비됨으로써 오늘날 해체주의 건축은 형태와 공간에 있어서 표현주의적 경향이 일시적으로 융성했다가 수면된 것으로 생각되고 있는 실정이다.

건축표현 분야는 소통을 위해 직접적 방식의 상징을 쓰는 것보다 '상호텍스트성'의 논의와 같이 끊임없이 상호 침투하고 의미를 상호 전달하고 교환할 수 있는 방법론이 더욱 효과적이다. 앞서 의식이 투사되고 연산되는 '의미화'에 도움을 줄 수 있는 것임을 해체사유와 건축적 경향을 살펴보면서 확

46) 유목주의로 대표되는 끊임없는 탈주의 공간과 미분적 좌표체계, 위상기하적 좌표체계의 유동적 흐름의 외피와 공간을 표현하는 경향은 2000년대 이후 폭발적으로 실험되어 왔으며 이것은 혁신적인 3차원 그래픽 툴의 발전과 궤를 같이 하고 있다.

인할 수 있었다. 소통과 관련된 언어적 측면과 해체의 사유는 매우 긴밀한 연관관계를 가지고 있으며 해체주의 건축은 단순한 언어학적인 의미라고 하기 보다는 운동과 일과 공간이 서로 교환가능하다는 의미에서 표현을 주도했다.
해체주의 건축은 비선형에 기초한 카오스적 탈구축이 중요하게 다루어져 왔다. 이것은 어떤 면에서 기존의 데카르트적인 그리드 체계 내지는 전통적인 공간 좌표적 체계를 벗어나 새로운 글쓰기 즉, 새로운 구축방식을 사용하여 전통적 형이상학적 체계를 해체하고 새로운 표현방식의 쓰기에 대한 실험을 한 것이다. 그런데 단순히 그것을 표현의 새로움에 집중하는 것이 아니라 근본적으로 부족하거나 드러내기 힘들었던 것을 드러내도록 하기 위해 기존의 방법론과 고정관념을 해체하여 새롭게 사유하고 표현했다는 점에서 중요하다.

아이젠만의 건축은 과거의 컨텍스트에서 흔적찾기를 통해 차연, 대리보충과 산종의 건축을 추구하는 동시에 권력에 대해서 교묘하게 저항하는 몸짓을 일관되게 추구해왔다. 그의 건축표현은 일종의 교묘한 저항을 통해 권력에 편입되거나 저항하고자 하는 몸짓이 사이공간에서 드러나는 것처럼 발생하고 있다. 아이젠만의 건축은 대지의 기억과 흔적을 이용하여 알레고리적으로 이용하고 고고학적인 발굴의 방법론을 사용하여 대리보충과 산종의 역할을 극대화한다. 또한 알튀세적인 중층결정의 상호침투와 상호텍스트성을 강화한다. 이를 통해 숨겨진 기억을 드러내고 숨겨진 것들을 드러내는 역할을 강조한다. 츄미의 경우는 건축 자체의 외관의 형태적 유희만으로 한정되는 것을 배제하기 위해 노력하고, 활동을 우선시 하려는 이벤트적 건축을 추구했다.
결정불가능성을 매개로 하여 건축을 탈구축하기 위해서는 기존 건축의 존재를 먼저 당연한 전제로써 가정하지 않으면 안 된다. 건축을 탈구축하는

데에는 먼저 건축적인 어떤 것을 소환하지 않으면 안 된다는 것이다.
그것은 역설적인 이중적 교차의 키워드인 파마콘은 비실체적, 비자가적 자기동일성을 부정하는 것이다. 그것은 같기도 하고 다르기도 한 이중부정을 의미한다. 그것은 약인 동시에 독이기도 하다. 독을 치유하기 위해 독을 사용하여 약과 같이 치유시키는 것과 같은 원리이다.
이것은 이후에 현대건축에 있어서 중요한 키워드 중 하나는 '결정불능성'이라고 할 수 있다. 사건, 물질적 형태, 컨텍스트는 그 특정화의 경계를 잠정적으로라도 명기하지 않고 특정화할 수 없다는 의미에서 결정불능이라고 말할 수 있다. 결정불능한 요건들이 모여있는 복합체나 다양체 등이 오늘날 건축가들에게 사유에 중요한 원천이 되고 있다. 결정불능성은 행위와 사고의 자율성을 은폐하려는 시도로 볼 수 있다.
계속해서 강조하듯이 해체주의 건축은 단순한 형태와 공간의 유희가 아니라 근본적인 글쓰기 행위의 부족함을 보완하며 새롭게 글쓰기 할 수 있는 방식의 방법론이다.

5019 오늘날 해체주의를 다시 언급하고 그러한 형태를 추구하는 것이 적절한 것일까?

오늘날 해체주의 건축은 주체와 객체 사이에서 벌어지는 억압되어 있던 무의식적 욕망을 효과적으로 드러내어 안정화시키고 보완시킬 수 있는 방법론을 사유한다는 점에서 계속적으로 발전시켜나가야 할 과제이다. 다만 초기의 과격한 형태와 공간의 구축적 방법론만으로는 자체의 한계를 가질 수밖에 없기 때문에 다른 방식의 세련된 해체방식이 사용되어야 할 것이다.
해체주의 건축가들은 전통적인 주체와 객체의 이분법적 관계를 거부한다. 이러한 고착화된 관계를 극복하기 위해 새로운 감각의 구조물을 디자인하고 사이공간의 다양한 이벤트 공간을 형성시키고 또 다른 새로운 요소들을 추출하여 새로 덧붙여 쓴다. 또한 이분법적인 사고체계에서 볼 수 있는 구조물 사이의 매개체를 찾아 기존의 구조물과의 연계를 강화하는 작업을 통해 기존의 건축 및 도시공간에서는 드러낼 수 없었던 것들을 드러내는 전술을 사용하게 된다. 이것은 기능과 조닝의 명확한 구획을 거부하고 건축언어와 프로그램의 중첩 혹은 병치를 통해 전통적인 배치의 개념을 초월할 수 있도록 계획한다. 각 요소들과 프로그램들은 역동적 힘과 경계를 해체할 수 있는 가능성을 위해 배치할 수 있어야 할 것이다.

버나드 츄미가 추구하는 이벤트와 공간은 서로 합체될 수 없지만 상호영향을 주고받으며 신체를 매개로 하여 건축적 구축을 완성할 수 있다. 건축에는 깊은 관능성이 존재한다. 은연중에 혹은 끊임없이 서로를 침범한다. 그것은 합리적 이성 이외에 우리의 무의식을 지배하는 강렬한 충동과 관능성 또한 포함하고 있다. 건축적 메커니즘 속에 폭력의 개념을 통합시키는 것은 궁극적으로는 건축에 새로운 해석과 풍부함을 가져올 수 있는 좋은 방법론이다.

프로그램적인 폭력은 용도, 행위, 이벤트는 물론 그리고 우연적이건 혹은 의도적이건 사악하고 파괴적인 프로그램까지를 모두 수렴하고 있다. 그러한 폭력에는 살인, 억류, 고문 등이 있으며 이는 도살장, 강제 수용소 또는 고문실 등으로 나타날 수 있다. 건축은 이 모든 것을 포함한다. 합리적 이성만큼이나 이러한 요소들을 끌어안을 때 건축은 더욱 풍부해지고 안정적으로 많은 것을 드러낼 수 있는 것이 될 것이다.

앞서 살펴 보았듯이, 이미 해체시기의 아방가르드적인 활동을 했던 방법론은 이미 사용되어 빠르게 자본적 속성에 의해 도구적으로 자본에 잠식당해 사용되었기 때문에 그 방법론을 계속해서 고집할 경우 문화제국주의 시기에 사용된 형태 및 공간보다도 더욱 시대가 지난 방법론 및 표현이 될 가능성이 크다. 그런 이유로 동시대에 맞는 새로운 해체적 방법론에 대해서 다시 숙고할 필요가 있다. 동시대성에 맞는 새로운 방법론을 모색할 때만이 양극단 사이의 공고한 요소들을 뚫고 드러낼 수 있는 계기가 될 수 있을 것이다. 기존 방법론에서 더 심화된 수준을 연구하거나 다른 차원의 새로운 글쓰기 방법론이 필요할 것이다.

5020 비현실 대 현실, 개념성(관념) 대 물질성의 사이공간을 어떻게 구축할 것인가?

벤야민의 알레고리적 시선은 통합불가능한 요소들에 대한 초월적 통합의 방법론으로서 사용될 수 있다. 그의 사유는 1권에서 살펴본 바 있다. 해체주의가 활발하게 담론화되던 시기에 벤야민의 사유가 주목받았던 이유는 그의 사유가 서구역사에 있어서 전혀 통합될 수 없는 두 가지 사유대상, 즉 사적 유물론과 메시아적 신학을 통합하여 바라보고 사유하고자 했기 때문이다. 그런 측면에서 비현실과 현실, 관념과 물질이라는 두 가지 극단적인 대상 사이에서 무언가를 드러내는 것은 결국 해체의 방법론이 여전히 유용할 수 있으며 계승 발전된다면 효과적으로 양극단의 특성을 화해시킬 수 있는 방법론이 될 수 있을 것이다.

그런 측면에서 텍스트는 해체의 좋은 대상이 된다. 텍스트는 해석되어야 하고 텍스트는 언어체계의 집합체이기 때문에 텍스트를 중시하는 해체주의는 당연히 효과적이며 건축 구축적이다. 기존의 텍스트에 대한 새로운 접근방식을 창조적으로 사유할 때 새로운 드러남의 가능성을 찾을 수 있을 것이다. 해체는 해석이라기 보다는 은유적인 전달을 통해 드러나게 하는 것에 중점을 두고 있다. 텍스트에는 해석이 메워져야 하는 틈이 존재한다. '행간을 읽는다'의 의미와 같이 데리다적인 의미에서 텍스트는 이미 대리보충의 세계에 빠져 있기 때문에 분열되고 불완전한 것이다. 언어는 언제나 부족하고 분열된 상황이다. 특히 텍스트의 보충적인 해석은 그래서 순수함에 도달할 수 있고 안정적인 구조가 될 수 있는 가능성을 가지게 된다.
해체주의적 사유로 나타나는 행위들은 외부구조를 파괴하는 것이 아니라 기본 구조가 있고 보충적으로 기본구조가 가지는 것이 드러낼 수 없는 부분을 드러내는 구조를 보이게 함으로써 역설적으로 구조속에서(구조가 존재함을 전제할 때) 사이의 것을 온전히 드러낼 수 있다. 바벨탑은 소통이 불가능한 다양성을 의미하는 것이 아니라 이성적인 시스템에 의해 전체화하고 폭력적인 시스템 형태로 만들 수 없음을 의미한다.

앞서 살펴 보았듯이 데리다의 사유에서 은유는 진리에 도달하기 위한 수레의 역할을 한다고 했다. 의미가 제대로 전달되면 수레는 버릴 수 있다. 주체와 객체의 이분법적인 사유로는 제대로 전달할 수 없는 글쓰기에 있어서 은유는 적절하게 드러낼 수 없는 것을 드러내는 기능을 할 수 있는 방법론이다.
상징과 풍유는 대립하고 있는데 상징은 밝은 이미지와 통일성을 가지고 있는 반면 풍유계열은 중심성을 벗어나고 무언가 어두운 면을 보이는 조합을 만들어낸다. 풍유적인 방법론은 동음이의同音異義의 유희pun, 어원을 가지고 유희하는 방법, 사이의 경계를 해체하는 방법론으로 전통적으로 합리적 이성에서 드러날 수 없는 것을 드러나게 하는 것에 효과적인 면을 보여준다.

1권에서 살펴 보았듯이 전통적인 마르크스적 관점에서는 간단하게 경제적 토대위에 다른 상부구조가 놓이는 방식으로 사회를 이해하고 설명했지만 진화한 알튀세르의 사유에서는 수직적인 상부구조의 도식보다는 중층결정이라는 다양한 레이어들이 교차하는 개념이 중시되었다. 중층결정되는 사유는 포스트모던 시대의 다원적인 요소들이 상호 교차하면서 혼재하는 사이의 관계를 중시하는 특성과 밀접한 관련이 있다. 이것은 상호텍스트성과 앞서 설명한 다양한 해체의 키워드들과 밀접한 유사성을 떠올릴 수 있다.

다른 문화적 코드와 과학과 이데올로기의 다양한 교차와 탈 중심화의 레이어들이 자율성을 가지면서 서로 교차 침투하면서 새롭게 드러나는 과정은 해체의 사유와 매우 유사한 특성을 보인다. 기존의 모더니즘의 국제주의 양식이 과학과 이데올로기적(강제적 삽입)인 것에 중점을 두고 있다면 포스트모던과 해체주의는 문화적, 정치적 코드들이 상호 침투하여 새로운 것을 만들어내는 교차코드화 된 층위를 형성하게 되는 것이다.
서로 다른 문화적 시스템들이 상호관계 침투되면서 건축적 형태를 형성하게 되는 방식은 후기산업사회의 양상을 보여주는 단초이다.

차연이라는 개념은 시간적으로 시연되어 뒤져져 있다는 뜻이며 시간에 뒤쳐져 있는 것은 흔적으로 나타난다. 관찰자는 그 흔적을 바라보며 기억을 연상하면서 끼워 맞추는 알레고리적 과정을 통해서 의미가 현전하게 된다. 알레고리적 과정을 거쳐서 다시 현전하게 되는 재현 이전의 과정은 대리 보충의 과정이다. 대리 보충이라는 것은 대신하여 동시에 보충해주는 과정이다. 의미를 한정하는 것은 주체와 객체의 이분법적 사고이다. 재편성되면서 계속해서 새로운 의미를 갖는 것이 바로 차연작용이다. 미래 완료적 특성의 차연의 작용을 사유한다는 것은 이미 언어가 가진 한계를 드러내는 것이며 이를 극복할 수 있는 방안을 찾아보는 것이다. 그래서 데리다는 이렇게 언어가 가진 한계를 넘어서서 새로운 의미를 드러내는 '산종'의 개념을 전파했다.
결국, 사이공간의 온전한 드러남은 다시 해체주의의 담론의 키워드와 방법론으로 돌아가 다시 시작하는 것이 유용하다. 끊임없이 양극단을 왕복하는 가운데 의미있는 무언가를 드러낼 수 있는 방법론을 창조적으로 동시대성에 맞게 재생산하는 것이 방법이다. 무척 단순하고 허망한 결론이라고 볼 수 있지만 그것이 거의 유일한 방법이라고 할 수 있다.

5021 오늘날 해체주의의 정당성과 이용할 수 있는 부분은 무엇일까?

이성의 시기 이전에는 빛과 어두움이 혼재된 상태에서 빛과 어두움에 대한 구분을 하지 않고 살아가는 상황이었다. 이성의 시기를 거치면서 빛과 어두움에 대한 구분을 시작했고 빛의 요소를 정제하여 순수한 빛을 추구하고 어두움은 몰아내거나 주변화 시키거나 억압하거나 소외시키는 작업을 수행했다. 밝고 깨끗하고 따사로왔지만 어두움은 소거되었다. 그로 인한 문제점은 심각했다. 그러나 현대는 단순히 빛만을 숭상하는 것이 아니라 어두움과 대항해 빛이 승리해서 어두움이 쫓겨 갔다기보다는 어두움이 공존하는 가운데 빛이 뚜렷하게 존재하는 통합구조가 중점적으로 사유되고 있다.

이제 해체주의 철학의 사유를 살펴보고 영향을 받거나 공동 작업을 수행했던 해체주의 건축에 대한 정리를 해야 할 시간이다. 앞서 살펴본 바와 같이 이성의 시기에 대한 명암에 대해서 살펴본 이후 모던시대의 그랜드 내러티브 체계에 대한 폐해를 극복하기 위한 여러 가지 시도와 논의가 있어 왔다. 현상학적 사유, 구조주의적 사유, 포스트모던의 논쟁 등등… 사실, 서구철학에 있어서 이성중심의 과학적 사고와 자본의 구조는 거대하게 담론화된 시스템으로 발전했다. 또한 이 시스템은 사회를 추동했던 동력이자 현실을 지배하는 거대한 담론이기 때문에 여기에서 벗어나서 사유하는 것은 거의 불가능에 가까웠다. 과감하게 이러한 것들에서 벗어나서 해체하여 사유하려 했던 해체주의의 사유도 어떻게 보면 헤겔의 사고 이후에도 그 영향을 벗어나지 못하고 있다고도 볼수 있다. 이분법적인 사유가 하지 못했던 사유를 통해 틈과 사이의 사고를 드러내고자 했지만 결국 이분법적 사고와 형이상학적 체계를 끌어들여 그것을 초월하거나 드러낼 수 있는 위에서 사유하고 있다. 다만 해체주의의 진정한 의미는 이분법적 사유에서 드러내지 못했던 것들을 드러낼 수 있는 방안을 차연과 대리보충과 산종이라는 개념을 통해 드러내는 것이다.

해체주의 건축은 데리다의 사유에 영향을 받아 20세기 후반부에 화려하게 꽃을 피워 주목받았다. 초기의 해체주의 건축경향은 기존의 건축이 하지 못했던 드러냄의 역할을 잘 수행하는 듯 보였다. 그러나 성급하게 사조화된 해체주의 건축은 아방가르드의 역할과 자리에서 금새 벗어나 자본의 논리와 급격하게 친밀해졌고 형태만으로 집중되고 패션화된 사조로서 그리고 문화제국주의적 측면의 사도로서 역할을 수행하기에 이르렀다. 결국 해체주의 건축은 빠르게 소비되었고 그렇게 사멸의 길로 들어서게 되었다. 그런 이유에는 데리다의 사유가 진정성을 가지고 전파된 것이 아니라 단순한 파괴적 욕망의 표현과 유희로 이해되면서 세기말적 현상과 결합되어 유행되었던 측면이 있다.

사실 해체주의 사유가 추구하는 진정성은 언어와 글쓰기가 존재하는 한 사라질 수 없는 것이다. 건축 역시 구축의 어휘가 언어와 유사한 성격을 갖는 이상 해체의 사유와 밀접한 관련을 가질 수밖에 없다. 현 세대의 건축인들은 지금까지의 해체의 사유를 통해 전개되었던 건축적 실험 뿐만이 아니라 새로운 방법론을 계속해서 실험하여 해체의 사유와 차연, 대리보충, 산종의 건축적 어휘를 계속해서 발전시키고 도면을 그리면서 드러내기 힘든 부분까지도 드러내고 구축하고 좀 더 풍부한 것이 표현되고 누릴 수 있는 건축적 실험을 계속해야 한다고 생각한다. 쓰는 순간 근본적인 문제 때문에 온전하지 못했던 방식을 보완하기 위해 우리는 계속해서 현재에 미래를 기입하면서 온전하게 표현하고 소통할 수 있는 건축적 방법론(미래완료적 글쓰기)을 지속적으로 발전시켜 나가야 할 것이다.
그런 측면에서 해체주의의 근본적 사유는 오늘날에도 계속되어야 하고 발전시켜야 할 가치가 있는 사유이다.

찾아보기

그림출처

Architectural Association, AA files no. 12,1985, p53, 54, 67, 71

Bernard Tsumi, Event Cities, 2, Mit Pr, 2001, p47, 49, 56

Colin Rowe, Transparency, Birkhauser, 1987, p36, 42

Cooper Union, Education of Architect, Rizzoli, 1990, p24, 128

Daniel Libeskind, works, El croquis, 1996, p44, 51

Peter Eisenman, Diagram Diaries, Rizzoli, 1999, p 48, 65, 99, 101, 110

Peter Eisenman, works, El croquis, 1997, p154, 157

아론 베키, Lebbeus Woods, A+U, 1990, p23, 41, 42, 49, 51, 145

라파엘 모네오, 라파엘 모네오가 말하는 8인의 현대 건축가, 임기택 외 3인 역, 공간사, 2008, p201, 225

제니퍼 블루머, 건축과 텍스트: 조이스와 피라네지의 각본, 임기택 역, Spacetime, 2006, p162, 165, 169

참고문헌

국내 단행본

1. 건축 부문

길성호, 수용미학과 현대건축
Spacetime, 2002

라파엘 모네오, 라파엘 모네오가 말하는 8인의 현대 건축가
임기택 외 3인 역, 공간사, 2008

리차드 코인, 건축과 철학, 자끄 데리다
-Thinkers for Architects06
임기택 역, 스페이스타임, 2012

마이클 헤이편, 1968년 이후의 건축이론
봉일범 역, spacetime, 2003

베르나르 츄미, 건축과 해체, 시+공, 2002

봉일범, 누적도시, Spacetime, 2005

아론 베키, 바이오레이티드 퍼펙션
A+U, 1992

아론 베키, Lebbeus Woods, A+U, 1990

양동근, 현대건축론, 기문당, 1995

이영수 외, 건축콘서트
공저, 효형출판사, 2009

이종건, 해체주의 건축의 해체, 발언, 1999

이진경, 근대적 시공간의 탄생
문학과학사, 1997

제니퍼 블루머, 건축과 텍스트: 조이스와 피라네지의 각본, 임기택 역, Spacetime, 2006

최윤경, 사회와 건축공간, Spacetime, 2003

케이트 네스빗, 건축이론1, 2, 3
최학종 역, Spacetime, 2005

편집부, ANYWAY, 서울: CA press, 1997

편집부, ANYWHERE, 서울: CA press, 1997

편집부, ANYPLACE, 서울: CA press, 1999

피터 노버, 건축의 종말, 최상기 역
미건사, 1995

AA, The Discourse of Events, AA, 1983

Jacques Derrida, Columbia Document 1·2·3, Rizzoli, 1992

Bernard Tsumi, Architecture and Disjunction
MIT Pr, 1996

Bernard Tsumi, Event Cities, 1·2·3
MIT Pr, 2001

Michael Hays, Architecture's Desire
MIT Pr, 2010

Pevsner, N., 근대디자인 선구자들
-윌리엄 모리스에서 월터 그로피우스까지, 정구영,김창수 역,

Ton Verstegen, 건축의 향성과 흐름, 은유적 활성화와 건축, 김원갑 역, Spacetime, 2005

William J. R. Curtis, 1900년 이후의 근대건축, 강병근 역, 화영사, 1993

2. 철학 및 예술 부문

데이비드 하비, 모더니티의 수도 파리
김병화 역, 생각의 나무, 2005

데이비드 하비, 자본의 한계
최병두 역, 한울, 1995

이규목, 도시와 상징, 일지사, 1988

조명래, 포스트포디즘과 현대사회 위기
다락방, 1999

존 레니에 쇼트, 문화와 권력으로 본 도시탐구, 이현욱 외 역, 한울아카데미, 2001

최병두, 근대적 공간의 한계, 삼인, 2002

팀 홀, 현대도시의 변화와 정책
유한종 외 역, 푸른길, 1999

3. 철학 부문

김보현, 데리다 입문 - 서구 사상체계를 뒤흔든 데리다 사유의 이해, 문예출판사, 2011

다리안 리더, 라캉, 김영사, 1995

데이비드 하비, 포스트모더니티의 조건
구동회, 박영민 역, 한울, 1994

로날드 칠코트, 포스트맑스주의
이경숙 전효관 역, 민맥, 1992

롤랑 바르트, 텍스트의 즐거움-롤랑 바르트 전집 12, 김희영 역, 동문선, 1997

미셸 푸코, 감시와 처벌
박홍규 역, 강원대 출판부, 1989

미셸 푸코, 지식의 고고학
이정우 역, 민음사, 1992

미셸 푸코, 광기의 역사
김부용 역, 인간사랑, 1991

미셸 푸코, 성의 역사1, 2, 3
이규현 역, 나남, 1990

발터 벤야민, 발터 벤야민의 문예이론
심성완 편역, 민음사, 1994

위르겐 하버마스, 현대성의 철학적 담론
이진우 역, 문예출판사, 1994

유기환, 조르주 바타이유
-저주의 몫, 에로티즘, 살림, 2006

윤평중, 푸코와 하버마스를 넘어서
교보문고, 1990

이정우, 사건의 철학, 철학아카데미, 2002

이진경, 노마디즘, Humanist, 2003

이진경, 근대적 시선의 체제와 주체화
(근대성의 경계를 찾아서), 새길, 2002

이진경, 철학과 굴뚝 청소부, 새길, 1994

자크 데리다, 그래마톨로지
김성도 역, 민음사, 1996

자크 데리다, 글쓰기와 차이
남수인 역, 동문선 문예신서 162, 2001

자크 데리다, 기하학의 기원
배의용 역, 지만지 고전선집, 2012

자크 데리다, 문학의 행위
정승훈 외 역, 문학과지성사, 2013

자크 데리다, 법의 힘
진태원 역, 문학과지성사, 2004

자크 데리다, 환대에 대하여
남수인 역, 동문선, 2004

자크 데리다, 해체
김보현 역, 문예출판사, 1996

장 프랑소아 료타르, 포스트모던적 조건
이현복 역, 서광사, 1992

제이슨 포웰, 데리다 평전-순수함을 열망한
한 유령의 이야기, 박현정 역, 2011

조르쥬 바타이유, 에로티즘
조한경 역, 민음사, 1989

조르주 바타이유, 에로티즘의 역사
조한경 역, 민음사, 1998

조르주 바타이유, 저주의 몫
조한경 역, 문학동네, 2000

질 들뢰즈, 펠릭스 가타리 저
천개의 고원, 김재인 역, 새물결, 2001

질 들뢰즈, 니체 철학의 주사위
신범순, 조용복 역, 인간사랑, 1993

페넬로페 도이처, HOW TO READ 데리다
변성찬, 웅진닷컴, 2007

프리드리히 니체, 도덕에의 계보, 청하, 1988

프리드리히 니체, 권력에의 의지, 청하, 1988

할 포스터, 반미학
윤호병 역, 현대미학사, 1993

4. 예술 부문

강내희, 공간, 육체, 권력, 문화과학사, 1995,

김욱동, 예술을 위한 순교자 제임스 조이스
건국대 출판부, 2001

로버트 C. 홀럽, 수용미학의 이론
최상규 역, 예림기획, 1999

아놀드 하우저, 문학과 예술의 사회사
백낙청 역, 창작과 비평사, 1974

제임스 조이스, 피네간의 경야
김종건 역, 범우사, 2003

존 멕퀸, 알레고리
송낙헌 역, 서울대학교 출판부, 1983

진중권, 미학오디세이1·2·3
휴머니스트, 2004

차봉희 편저, 수용미학
서울: 문학과 지성사, 1985

Caliniscu, M, 모더니티의 다섯 얼굴
이영철 외 역, 시각과 언어, 1994

5. 사회학, 경제학 및 기타 부문

마셜 맥루한, 미디어의 이해, 삼성출판사,

이영희, 포드주의와 포스트포드주의
한울, 1994

지그프리드 기디온, 기계문화의 발달사
이건호 역, 유림문화사, 1994

5. 외국단행본

Agger, Ben, Cultural Studies as Critical Theory, London: Falmer Press, 1992

Baudrillard Jean, For a Critique of the Political Economy of the Sign, St. Louis: Telos Press, 1981

Benjamin, W. The arcades project. Ed. Rolf Tiedemann, trans. Howard Eiland and Kevin McLaughlin. Cambridge, MA: Harvard University Press, 1999

Bernstein, Richard, Jurgen Habermas and Modernity, Cambridge: Polity Press, 1985

Best, Steven & Douglas Kellner, Postmodern Theory, London: MacMillan, 1991

Calhoun, Craig, Introduction: Habermas and the Public Sphere," Habermas and the Public Sphere, Cambridge: MIT Press, 1992

Charles Jencks, New Pardigm in Architecture, MIT Press, 2003

David Grahame Shane, Recombinant Urbanism, Wiley, 2005

Edward R. Ford, The Details of Modern Architecture, MIT Press, 1989

Electra Mikelides, Valentina Sabateli and Delphine Ammann, Animation in Architecture, London, 2002

Greg Lynn, Animated Form, New York: Princeton Architectural Press, 1999

Maia Engeli(ed.), Bits and Spaces: CAAD for Physical, Virtual and Hybrid Architecture at ETH Zurich, Basel: Birkhauser Architectural Press, 2001

Manfredo Tafuri, The Sphere and the Labyrinth translated by Pellegrino d'Acierno and Robert Connolly, MIT, 1987

Manfredo Tafuri, Theories and History of Architecture, New York, 1978

Rob Shields, Lifestyle Shopping -the Subject of Consumption, London and New York, 1992

Thomas McCarthy, The Critical Theory of Jrgen Habermas, Cambridge: MIT Press, 1978

4. 국내 학위논문

이영수, 건축구성형식의 변화와 특성에 관한 연구, 홍익대 박론, 1992

박항섭, 한국 현대건축의 양태와 표현특성에 관한 연구, 홍익대 박론, 1997

박성식, 엘 리씨츠키의 프라운에 담긴 이중 구축체계에 관한 연구, 서울대 석논, 2003

김원갑, 현대건축디자인에 미친 아방가르드 이론과 과학패러다임의 영향에 관한 연구 홍익대, 박논, 1991

박태호, 서구의 근대적 주거공간에 관한 공간 사회학적 연구, 서울대 박론, 1998

김상원, 디지털화된 건축디자인의 표현적 특성에 관한 연구, 한양대 석논, 2002

김현아, 건축 디자인 매체로서의 다이어그램에 관한 연구, 서울대 석논, 2001

박정대, 현대건축에 나타난 비선형 현상에 관한 연구, 서울대 석논, 1997

신승수, 피라네지 공간의 '극장성'을 통해 근대성의 재해석, 서울대 석론, 1997

이철재, 디지털리즘의 인식론적 공간구성 해석, 홍대 박론, 2003

장성상, 매듭의 건축적 변용을 통한 커뮤니케이션 센터 계획안: 건축의 은유적인 방법의 적용을 통하여, 경기대 석논, 2001

최교식, 현대건축의 프로그램 해석에 관한 연구, 서울대 석논, 2001

한선정, 해체주의 이후 아방가르드 건축의 특성과 성격 규명에 관한 연구 서울대 석논, 1999

5. 학회 논문

김성홍, 쇼핑몰의 공간조직에 관한 연구 대한건축학회논문집, 12권 11호 (통권 97호), 1996

김정미, 비선형 패러다임과 디지털 건축 건축학회지 제 45권 9호 (통권 268호)

김홍일, 콜린 로우 "투명성 이론"의 건축공간 분석 적용에 관한 연구 대한건축학회 18권 9호, 2002

오근영, 선이해가 근거된 텍스트중심이론을 통한 현대건축의 방향성 모색 건축학회논문, 2003년 8월

현대철학과 건축이론 시리즈5
Philosophy and Architecture Series

해체주의와 건축이론

1판 1쇄 2014년 8월 11일

저자. 임기택(ktarchitect@pknu.ac.kr)

발행인. 김기현
발행처. 시공문화사(Spacetime)
디자인. 이문형(lmh0225@gmail.com)

등록. 1993년 3월 12일
주소. 서울시 서대문구 독립문공원길13 극동프라자 5층(120-796)
전화. 02)3147-1212, 2323
전송. 02)3147-2626

www.spacetime.co.kr, spacetime@korea.com
ISBN 978-89-5592-297-4 93540